新知
图书馆

第三辑

地球生命进化史

[美] 詹姆斯·鲍比克
拿俄米·巴拉班
桑德拉·博克
劳雷尔·布里奇斯·罗伯茨 /著

庄星来 /译

上海科学技术文献出版社
Shanghai Scientific and Technological Literature Press

图书在版编目（CIP）数据

地球生命进化史 /（美）詹姆斯·鲍比克等著；庄星来译 .
—上海：上海科学技术文献出版社，2021
ISBN 978-7-5439-8072-3

Ⅰ . ① 地… Ⅱ . ① 詹… ② 庄… Ⅲ . ① 生物—进化—普
及读物 Ⅳ . ① Q11-49

中国版本图书馆 CIP 数据核字（2020）第 026547 号

责任编辑：李　莺
封面设计：周　婧

地球生命进化史
DIQIU SHENGMING JINGHUA SHI
[美]詹姆斯·鲍比克　拿俄米·巴拉班　桑德拉·博克　劳雷尔·布里奇斯·罗伯茨　著　庄星来　译
出版发行：上海科学技术文献出版社
地　　址：上海市长乐路 746 号
邮政编码：200040
经　　销：全国新华书店
印　　刷：常熟市人民印刷有限公司
开　　本：720mm×1000mm　1/16
印　　张：13
字　　数：219 000
版　　次：2021 年 6 月第 1 版　2021 年 6 月第 1 次印刷
书　　号：ISBN 978-7-5439-8072-3
定　　价：45.00 元
http://www.sstlp.com

前 言

生物科学涵盖了自然界的方方面面，小至分子及亚细胞层面，大至生态系统及全球环境，无不吸引着我们的注意。在过去的六十年里，分子生物学方面的惊人发现和辉煌成就催生了一场基于基因的医学革命，其影响之深广，从犯罪现场检验到干细胞研究，概莫能外。1953年，詹姆斯·D.沃森（James D. Watson）博士和弗朗西斯·克里克（Francis Crick）博士发现了DNA（脱氧核糖核酸）的结构，这是科学上的一个重大进展，为理解一切生命形态提供了一把万能钥匙。克里克和沃森发现DNA是由两条互补的链条组成的，该结构解释了细胞分裂之后其原有的遗传物质是如何被复制的。在他们的首创性研究的引导下，我们破译了人类基因组，它是由300亿个DNA单位构成的，其中包含了一个人存在及生存所需的全部生物信息。

《地球生命进化史》探讨了我们在生物学理解上的量子飞跃，用平实的语言回答了有关人类、动植物、微生物方方面面的数百个问题。在未来，生物学领域将继续产生热门的医学话题并引发的政治话题，如克隆、干细胞疗法、基因操控等。

本书所含信息丰富，读者可从书中找到许多有趣问题的答案，例如：基因工程可用于拯救濒危物种吗？一个基因有多大？什么是盖娅假说？为什么华莱士不如达尔文有名？

《地球生命进化史》使用方便，特别适合普通科学爱好者及学生。全书配有插图和表格，讨论的话题包括遗传学、生物技术与基因工程、进化等。

本书所提供的信息既可吸引有生物学背景的读者，又能满足想要了解生物学的读者的好奇心。我们在书中所探讨的问题或是有趣的，或是特别的，或是咨询台和课堂上常见的,又或是难以回答的。这些问题不仅涉及生物学的历史和发展,也涵盖当前的话题和争论。本书每一章都是图书馆学专家詹姆斯(James)、拿俄米(Naomi)和生物学家桑德拉(Sandra)、劳雷尔(Laurel)共同努力的成果。

目录
CONTENTS

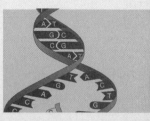

目录

DNA、RNA及染色体

简介及历史背景

▶ 最初用于表示DNA的术语是什么?

人们最早是从细胞核中分离得到DNA,因此DNA最初被称为"核素"。19世纪60年代,就职于德国图宾根大学(University of Tübingen)的菲利克斯·霍珀-赛勒(Felix Hoppe-Seyler, 1825—1895)实验室的瑞士科学家弗里德里希·米歇尔(Friedrich Miescher, 1844—1895)的课题是研究白细胞的化学组分。他发现附近的诊所的患者用过的绷带是一个极佳的白细胞来源;他将绷带上的脓汁冲洗下来,提取出的白细胞有着巨大的细胞核。他从细胞核中分离出了一种新分子,并将这种物质称为"核素"(现称为"脱氧核糖核酸",即DNA)。该物质富含氮和磷,还含有碳、氢和氧。霍珀-赛勒重复并证实了学生米歇尔的这一重要研究成果。

▶ 谁的实验证明非致病菌可以转化为致病菌?

1928年,陆军医疗官弗雷德里克·格里菲斯(Frederick Griffith, 1878—1939)正寻找肺炎链球菌的疫苗。他在研究中发现肺炎链球菌可被分为两大类:一类为S型菌,具有光滑荚膜,致死;另一类为R型菌,表面粗糙,注射入老鼠体内不致死。格里

> 哪位科学家因揭示了细胞核的确切组成而获诺贝尔奖？

阿尔布雷希特·科塞尔（Albrecht Kossel, 1853—1927），因揭示了细胞核成分的组成于1910年被授予诺贝尔生理学或医学奖。早期实验中，他用燃烧法确定了核素中含有磷与次黄嘌呤（一种核蛋白的分解产物）；后期实验中又发现了腺嘌呤、鸟嘌呤和胸腺嘧啶三种碱基。

菲斯尝试将加热灭活的S型菌和活着的R型菌同时注入老鼠体内，观察会发生什么情况。出乎意料的是，注射了这种混合物的老鼠都死亡了。血液检查发现非致死的R型菌都转化成了致死的S型菌！随后20世纪50年代的诸多实验都试图揭示这种转化因子的本质，最终证明该转化因子是DNA。

▶ 科学家如何证明DNA是所有细胞生物的遗传物质？

1944年，奥斯瓦尔德·T.埃弗里（Oswald T. Avery, 1877—1955），科林·M.麦克劳德（Colin M. MacLeod, 1909—1972）和麦克林恩·麦卡锡（Maclyn McCarty, 1911—2005）三人联名发表论文，证明DNA是基因的物质基础。这个科学团队跟踪格里菲斯的实验，试图揭示非致死菌转化为致死菌的原因所在。一种特殊的酶降解了包括荚膜外衣、蛋白质和RNA在内的S型菌（致死）的所有组分，然而这些物质的降解并没有影响到转化过程的发生。当致死的S型菌暴露于脱氧核糖核酸酶（DNase，一种DNA水解酶）中时，所有的转化都停止了。最终证实转化因子为DNA。

▶ 为什么说20世纪50年代是DNA研究的一个重要时代？

不同于战时需要主导时期的应用型研究，第二次世界大战后，研究人员再次将精力投入到了基础研究工作中。20世纪50年代是个如火如荼的科研年代，科学家们试图从生化与结构两方面阐明DNA和基因的本质。

▶ 什么是"探索DNA双螺旋结构的竞赛"？

当时，大西洋两岸的伟大头脑都在专注于揭示DNA结构的研究。"探索DNA双螺旋结构的竞赛"是一档BBC电视台制作的电视节目（1986），它是以20世纪50年代科学家们探索DNA结构的科学故事和科学家间的互动故事为主线制作的。主要人物包括詹姆斯·沃森（James Watson，美国，1928—　），弗朗西斯·克里克（Francis Crick，英国，1916—2004），罗莎琳·富兰克林（Rosalind Franklin，英国，1920—1958），莫里斯·威尔金斯（Maurice Wilkins，英国，1916—2004），彼得·鲍林（Peter Pauling，莱纳斯·鲍林之子，美国，1931—2003），约翰·蓝道尔（John Randall，英国，1905—1984），以及埃德温·查加夫（Edwin Chargaff，法国，1905—2002）。

▶ 罗莎琳·富兰克林为何被称为"DNA黑暗女士"？

罗莎琳·富兰克林是一位训练有素的化学家。1951年，她在伦敦国王学院

在这张1962年诺贝尔奖获得者合影中，左一为弗朗西斯·克里克，左二为莫里斯·威尔金斯，左四为詹姆斯·沃森

的约翰·蓝道尔实验室进行研究工作。富兰克林和蓝道尔都使用当时较为先进的X射线晶体衍射技术进行DNA结构的研究。通过对DNA分子一丝不苟的研究，罗莎琳拍摄了一系列预示双螺旋结构的DNA晶体衍射图片。然而，蓝道尔在研讨会上展示了她的工作成果，随后这些数据（在没有她授权的情况下）被提供给了哥伦比亚大学的竞争者们（沃森和克里克）。这些科研成果是1953年发表的揭示DNA具体结构论文的关键线索。罗莎琳·富兰克林1958年死于癌症。由于诺贝尔奖只授予在世的科学家，她无缘1962年授予沃森、克里克和威尔金斯三位科学家的诺贝尔奖。

▶ 莫里斯·威尔金斯在早期DNA研究中扮演了怎样的角色？

莫里斯·威尔金斯曾作为物理学家短暂地参与"曼哈顿计划"。他在该计划中并不得志，因此转而投入生物物理学领域。他与约翰·蓝道尔在伦敦国王学院共事，他们借助X射线晶体衍射技术探究DNA结构。威尔金斯和罗莎琳·富兰克林就职于同一个实验室，但他们并未紧密合作，这无疑减缓了他们的工作进度。

虽是物理学家出身，莫里斯·威尔金斯却借助X射线晶体衍射技术在DNA分子结构探索中做出了开创性的研究

DNA

▶ 什么是DNA？

脱氧核糖核酸（DNA）是所有细胞生物的遗传物质。DNA的发现被誉为"20世纪分子生物学最伟大的发现"。

▶ DNA的分子组成是什么？

DNA的全称是脱氧核糖核酸。由于DNA位于真核生物的细胞核中，因此称作"核酸"。事实上，DNA是（长链）核苷酸的大分子聚合物。核苷酸分子由三部分组成：磷酸基团，五碳糖（脱氧核糖）以及含氮碱基。若将DNA想象成一架梯子，则梯子的两侧由磷酸基团和脱氧核糖组成，阶梯则由两类含氮碱基组成。就构成基因而言，核苷酸分子的关键组分为含氮碱基。特定的碱基序列构成了一种基因。

▶ DNA分子是如何连接在一起的？

虽然DNA是通过许多不同类型的化学键连接而成的，但它仍是一种脆弱的分子。

构成阶梯部分的含氮碱基之间是通过氢键连接在一起的，梯子的"两侧"

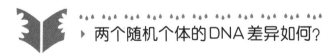

▶ 两个随机个体的DNA差异如何？

如果两个人同时以每秒一个字母的速度朗诵出他们各自的DNA序列，那么第一个字母差异将出现在8.5分钟的地方。

（磷酸基团和脱氧核糖）则通过磷酸二酯键连接。由于DNA分子的某些部分（梯子结构的外侧）是极性的，而阶梯部分（含氮碱基）是非极性的，因此还存在其他作用力——氢键，即一种存在于DNA分子与水分子的H、O原子间的作用力。DNA分子内部倾向于疏水作用，其外侧的糖–磷酸分子则倾向于亲水作用。这就产生了一种使螺旋结构黏着在一起的力。

▶ **组成DNA分子的含氮碱基是什么？**

含氮碱基含有一个由N和C组成的杂环，杂环上连有各种官能团。含氮碱基可分为两类，它们的差别主要体现在结构上：胸腺嘧啶和胞嘧啶为单环结构，而腺嘌呤和鸟嘌呤为双环结构。当沃森和克里克思索碱基之间的连接方式时，他们意识到碱基对应该符合上述假设，以使DNA分子双链之间的距离保持不变。因此，他们自然而然地推断出，具有单环结构的含氮碱基必须与具有双环结构的含氮碱基配对。

▶ **什么是碱基互补配对原则？**

碱基互补配对原则指出含氮碱基间是以一定的规律配对的：嘌呤和嘧啶配对。更具体地说，配对方式为腺嘌呤与胸腺嘧啶配对，鸟嘌呤与胞嘧啶配对。该原则的依据来自埃德温·查加夫的研究数据，因此称为查加夫法则。

▶ **什么是DNA双链的反向平行结构？**

反向平行指的是，在结构上DNA分子的两条双链（梯子结构的两边）的方向相反。这种平行方式使得含氮碱基之间可以形成氢键，氢键对于保持DNA分子结构的稳定具有重要作用。

▶ **我们怎么知道DNA分子是反向平行的？**

DNA分子的中央结构是脱氧核糖，脱氧核糖上的5个碳原子都是有编号的。其中一端，磷酸基团只能与5号C（5′端）连接；而在另一端，即没有磷酸

基团存在的 3 号 C（3′端）上，羟基
与糖基而非磷酸基团连接。

▶ 什么是DNA的超螺旋结构？

　　当DNA既不复制也不转录
时，便处于两条链沿着一条螺旋轴
盘绕的状态，其盘绕方式就像顺
时针旋转的螺旋楼梯。然而，当
DNA复制或转录时，酶改变了这种
结构，使得额外的扭曲力增加（正
超螺旋）或减少（负超螺旋）。两
种形式的超螺旋都让DNA的结构
变得更为紧凑。拓扑异构酶可为
DNA双链解螺旋。之所以称为拓
扑异构酶，是因为它们决定了DNA
分子的拓扑结构。

▶ DNA分子是如何解链的？

　　DNA分子在复制过程中解
链，双螺旋结构的两条链分开，以
母链为模板合成一条新的互补链。

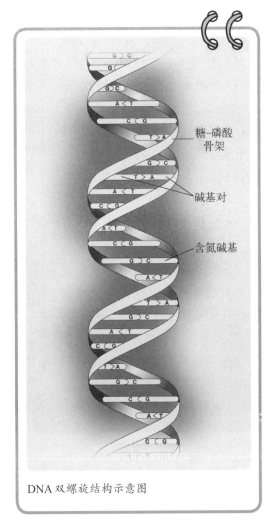

DNA 双螺旋结构示意图

同样地，在转录过程中，一条链作为模板链被转录（复制）形成信使核糖核酸
（mRNA）分子。为了使DNA双链分开，必须由DNA解旋酶水解含氮碱基之
间的氢键。实质上解旋酶无法单独将DNA双链解开，还需特定的蛋白质先打
开染色体上特定位点的DNA双链。这些蛋白即引发蛋白。

▶ DNA的复制需要哪些条件？

　　DNA的复制是个需要多种酶、核苷酸及能量的复杂过程。真核细胞中，在

被称为复制起点的多个位点上，酶水解含氮碱基之间的双键，使双螺旋结构打开。一旦DNA分子被打开，DNA稳定蛋白便立即与单链DNA结合，防止双链的重新结合。DNA聚合酶读取模板序列信息并催化互补碱基的加入，形成新的DNA链。

▶ **什么是突变？**

突变即基因的DNA序列改变。突变是种群多样性的来源之一；但也可能引起疾病或基因紊乱，因此突变也可能是有害的。镰状细胞贫血病即是由基因突变引起的疾病，突变使患者的携氧运输蛋白（血红蛋白）的四条多肽链中的两种氨基酸序列发生了改变（缬氨酸替代了谷氨酸）。

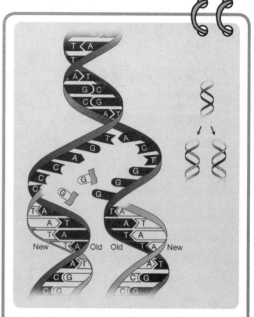

DNA复制是一个复杂的过程，需要多种酶、核苷酸和能量

▶ **DNA复制总是准确无误的吗？**

从人体细胞数目以及DNA复制频率来看，复制过程可称得上是相当精

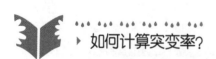

▸ 如何计算突变率？

通常以一个世代中突变细胞的百分比、突变配子占配子总数的百分比或者一次复制中发生突变的概率来表征突变率。

确的。DNA 自发损伤的概率很低：在细菌中，该概率为 $10^{-10} \sim 10^{-8}$；在真核生物的配子中，该概率为 $10^{-6} \sim 10^{-5}$。不同物种的不同基因发生突变的概率是不同的。

表1.1　不同物种不同基因的突变率

物　　种	突变类型	突　变　率	单　位
大肠杆菌	组氨酸缺陷型	2×10^{-8}	每世代
玉　米	籽粒颜色	2.2×10^{-6}	配子概率
果　蝇	眼睛颜色	4×10^{-5}	配子概率
鼠	毛　色	4.5×10^{-5}	配子概率
人　类	亨廷顿舞蹈病	1×10^{-6}	配子概率

▶ DNA的复制速度有多快？

原核生物中，DNA的复制速度可达每秒 1 000 个核苷酸，长度为4.7 Mb（1 Mb 是一百万个碱基对）的大肠杆菌基因组复制仅需40分钟左右。与原核生物相比，真核生物的基因组大得多，也许有人认为真核生物的DNA复制需要很长的时间。然而，事实证明，真核生物的每条染色体上都有多个复制点，其复制速度每分钟可达500～5 000碱基。真核生物基因组复制所需的实际时间，取决于基因组大小。

▶ 什么是DNA双螺旋结构模型（B-DNA）？

DNA共有3种分子结构，其二级结构取决于DNA分子周围的水的量而变化。沃森和克里克提出的DNA结构即B-DNA。事实证明，大多数细胞的DNA为B-DNA。B-DNA为顺时针 β 螺旋结构。当DNA分子周围水量较少时，形成双螺旋的另一种形式：A-DNA。A-DNA是一种 α 螺旋结构（右手螺旋），其螺旋较短且较宽。第三种形式为Z-DNA，是一个左旋形态的螺旋结构，其糖-磷酸骨架呈"之"字形走向；这种形态只在特定碱基序列存在时出现。

▷ DNA如何自我修复？

DNA分子自发损伤的概率为，每十亿对核苷酸每分钟发生一次。假设该概率适用于人体细胞，则人体每24小时将产生10^4个不同受损位点。DNA具有多种修复机制。DNA聚合酶（催化DNA复制的酶）具有校对功能，可及时纠正复制过程中99%的错配。DNA聚合酶未修复的错配则由错配修复系统校正。当碱基错配（如A-G）被发现后，将被切断并移除不匹配的部分，在该位置聚合相应的碱基后，DNA链将重新闭合。

▷ 所有的DNA都位于细胞核中吗？

在真核细胞中，除了核DNA外，线粒体（一种存在于动植物细胞中的细胞器）和叶绿体（存在于植物细胞与藻类细胞中）也含有DNA。线粒体DNA中含有细胞新陈代谢必不可少的基因，叶绿体DNA则携带有对于光合作用非常重要的遗传信息。

▷ 为什么DNA分子具有稳定性？

DNA分子的稳定性有赖于双螺旋结构中相邻碱基间的堆叠作用与氢键。其稳定性使得研究人员甚至可以采集到已灭绝物种的DNA样品。

▷ DNA都是双链吗？

当温度高于80℃时，真核生物DNA分子将解链为单链。单链真核生物的DNA一般不具有特殊的双螺旋二级结构，可以形成类似发夹等结构，某些病毒只有单链DNA。

▷ 什么是DNA乙酰化？

DNA乙酰化指将一个乙酰基团（CH_3CO）加入到组蛋白中，组蛋白可帮助DNA形成稳定的缠绕结构。乙酰化修饰后，组蛋白与DNA的亲和性降低。在真核生物中,这有利于提高基因的转录活性。

▶ 什么是DNA甲基化?

DNA甲基化是指向特定的含氮碱基引入甲基的一种DNA修饰现象。在细菌中,甲基化主要出现在腺嘌呤和胞嘧啶中;而真核生物中,甲基化通常出现在胞嘧啶中。对真核生物而言,DNA甲基化是一种抑制基因转录的机制。

▶ 吸烟将对肺细胞的DNA产生什么影响?

吸烟影响肺细胞的基因表达。吸烟者支气管细胞分泌蛋白研究表明基因合成增加,最终可引发癌症。研究表明,控制癌症的发生、抑制以及呼吸道炎症等重要基因的表达与烟龄有关。幸运的是,戒烟两年后,基因表达量将下降到正常人水平。

▶ 什么是反向转录脱氧核糖核酸(cDNA)?

cDNA是指与信使RNA(核糖核酸)互补的单链DNA分子;通常在实验室中,以信使RNA为模板,在逆转录酶的作用下合成。cDNA是分子杂交或克隆研究的工具。

▶ 除形成DNA外,核苷酸还有什么作用?

核苷酸还可以作为信使或调控因子。如,核苷酸腺苷(腺嘌呤与核糖链接而成的化合物,不含磷酸基团)可能是最重要的免疫调节因子(一种促进或抑制神经元活性的化合物)。临床上腺苷可用于治疗心律失常,帮助患者恢复正常心律。腺苷还被认为与疲倦等感觉有关。近期,神经学家还发现,咖啡因通过干扰腺苷与细胞表面的结合使人保持清醒。

RNA

▶ RNA是什么时候被发现的?

20世纪40年代,人们发现了DNA以外的一种核酸,并称之为RNA。俄国化学家菲巴斯·利文(Phoebus Levene, 1869—1940)完善了阿尔布雷希特·科塞尔(Albrecht Kossel, 1853—1927)的研究。科塞尔因对蛋白质与核酸的研究获得1910年的诺贝尔奖,然而他在研究中并未发现DNA与RNA是不同物质。1909年,利文分离得到酵母核酸中的碳水化合物部分,并证实其为戊糖核糖。1929年,他成功鉴别了来源为动物胸腺的核酸的碳水化合物部分;这也是一种戊糖,与核糖不同的是,它少了一个氧原子。利文称这种新发现的物质为脱氧核糖。这项研究从糖基组成上明确了DNA分子与RNA分子的化学差异。

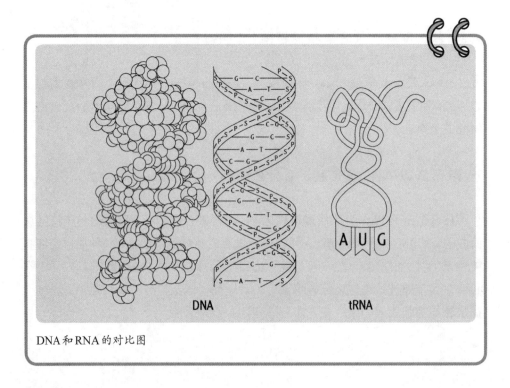

DNA和RNA的对比图

▶ 先有DNA还是先有RNA？

最原始的遗传物质必须具备自我复制以及传递遗传信息的功能。蛋白质分子虽比DNA分子更大、更复杂，但无法脱离DNA与RNA进行自我复制。科学家发现，不同于DNA，RNA具有自我复制以及自我编辑功能。因此，RNA是最原始的信息分子似乎更合理。

▶ DNA与RNA有何不同？

DNA与RNA都是由核苷酸单体堆叠而成的核酸分子。一个核苷酸分子由一分子磷酸（PO_4）、一分子戊糖以及一分子含氮碱基组成；其含氮碱基可分为腺嘌呤（A）、胸腺嘧啶（T）、鸟嘌呤（G）、胞嘧啶（C）以及尿嘧啶（U）五大类。在DNA分子中，以核苷酸分子为基本组成单位，其碱基互相连接，形成两条链并盘绕成双螺旋结构；其碱基配对方式为A–T，G–C，碱基结构决定了其不可能有其他连接方式的存在。RNA也是一种核酸，但其为单链分子且糖基组成为核糖，不是脱氧核糖。除了与腺嘌呤（A）互补配对的碱基为尿嘧啶（U）而非DNA中的胸腺嘧啶（T）外，RNA的碱基种类同DNA的。

詹姆斯·沃森是揭示DNA的双螺旋结构这场竞赛中的主力队员

▶ 合成RNA的场所是什么？

所有的RNA都在细胞核（真核细胞）或者拟核（原核细胞）内合成。与RNA合成相关的主要酶是RNA聚合酶。

▶ 什么是"RNA领带俱乐部"？

1953年，继詹姆斯·沃森和弗朗西斯·克里克发表文章阐明DNA结构之后，科学家乔治·伽莫夫（George Gamow，1904—1968）致信沃森和克里克，提出了DNA结构与二十种氨基酸结构之间存在某种数学联系的想法。"RNA领带俱乐部"是该提议的一个副产物，俱乐部成员包括伽莫夫、沃森、克里克和其他17位科学家，各自代表一种氨基酸。每位成员都有一条特殊的领带，代表着相应氨基酸。

▶ 什么是核酶？

核酶通常被称为剪切RNA的"分子剪刀"。20世纪80年代早期，西德尼·奥尔特曼（Sidney Altman，1939—   ）和托马斯·切赫（Thomas Cech，1947—   ）两位科学家首次发现核酶，并因此获得1989年的诺贝尔化学奖。核酶可识别并剪切特定的RNA序列使某些基因关闭。如今，核酶也被用于人类的基因研究。

▶ 为什么RNA分子不稳定？

并非所有的RNA分子都不稳定。信使RNA（mRNA）分子的稳定性会有所不同，这取决于其在细胞内的代谢速度及其所需特定蛋白质的量。

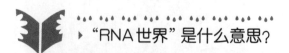

▶ "RNA世界"是什么意思？

"RNA世界"理论指的是地球生命起源的一个假想阶段。在这个阶段中，RNA同时具备了两项功能：1）遗传信息储存功能；2）酶的催化能力。"RNA世界"一词最早由沃特·吉尔伯特（Walter Gilbert，1932—   ）于1986年提出，用以表示原始汤（Primordial Soup）中RNA分子可随机自我组装并具有简单代谢活性的理论。

基因与染色体

▶ 染色体是如何组装的？

染色体是以一类可以与DNA紧密结合的蛋白质（组蛋白）为基础组装形成的。组蛋白分子可分为五类并带正电。带正电的组蛋白分子与DNA分子中带负电的磷酸基团结合，从而使得DNA分子与组蛋白紧密结合。这种与组蛋白结合的DNA链被称为染色质，随后折叠成人们熟悉的染色体相似的结构。有丝分裂过程中，染色体具有特定形态，人们可以清楚地识别、计数。

▶ 什么是三核苷酸重复序列？

人类基因组中分散着大量的重复DNA序列，这些重复序列长度为1～6个核苷酸（碱基对）不等。其中一种为三对重复的核苷酸，被称为三核苷酸重复序列。随着DNA的复制与子链DNA的形成，该序列的重复次数会增加并可能引发疾病。

▶ 染色体丢失或增加会怎样？

染色体异常的个体能否存活取决于丢失或增加的是哪条染色体。例如，只

 ▶ 基因组是如何装入细胞核里的？

细胞核的平均直径小于5 μm（微米），而DNA（真核生物）长1～2 μm。为了适应细胞核的大小，DNA与蛋白质结合，紧密压缩形成染色质的线状结构。这些线很粗，在光学显微镜下就可以见到。

有1%的胚胎是三倍体的（有3个染色体组），其中超过99%的个体出生前就死亡了。

▶ DNA技术如何商业化？

在植物生物技术、转基因生物、基因治疗、基因专利、法医学等领域，DNA技术已被广泛应用。DNA珠宝、艺术品、饰品等也实现了市场化，比如依据DNA序列编写而成的音乐光盘。

▶ 一个基因有多大？

哺乳动物的基因大小在30 000 bp（碱基对）左右。由于细菌基因组中只含有编码序列，因此每个基因的平均大小为1 000 bp左右。虽存在大小超过100 000 bp的基因，但人类基因长度为20 000～50 000 bp。

▶ 什么是非整倍体？

细胞分裂过程中，遗传物质的不均等分配产生非整倍体（英文为aneuploid，源自希腊语，希腊语中an表示"不"，eu表示"正确的"，ploid表示"数目"）细胞，如染色体总数为45或47条的人类细胞。非整倍体常写作$2n+1$或$2n-1$，用以表示染色体总数为奇数。

▶ 什么是多倍体？

多倍体指的是体细胞中含有完整的额外染色体组的现象。多倍体生物可用$3n$（三倍体）、$4n$（四倍体）等表示。多倍体人类无法生存；同样地，鲜有非整倍体的人类个体存活。

▶ 人类的RNA的基因数目是多少？

约有250个基因编码短序列RNA而非蛋白质。这些RNA序列具有调控其位于X染色体上的三核苷酸重复序列是已知三核苷酸重复序列中的一种。该重复序列是一类常见的人类智力发育低下遗传病脆性X染色体综合征的发病分子机制。在正常X染色体中，该重复序列的拷贝数为6～50；而在患者体内的突变X染色体中，拷贝数可达1 000。

他基因活性的作用，在胚胎发育相关基因的活性调控中尤为重要。

▶ 基因表达的调控机制有哪些？

原核生物与真核生物的基因表达调控机制不同。细菌（原核生物）基因受DNA结合蛋白调控，后者可影响转录效率；或者全局调控机制，即使用微生物对特定环境刺激（如热休克）的整体调控机制。上述调控机制对细菌至关重要。真核生物基因表达调控有赖于一系列的调控因子，以在特定阶段开启或关闭基因。这些调控因子包括DNA结合蛋白，以及调控DNA结合蛋白活性的蛋白因子。

▶ 哪条染色体最长，哪条最短？

人类染色体长度从5×10^7到2.5×10^8 bp不等。其中，1号染色体最长，为3×10^8 bp（约占人类染色体组的10%）；21号染色体最短，为5×10^7 bp。

▶ 单倍体生物如何繁殖？

单倍体生物（含一个染色体组）可通过有丝分裂繁殖产生更多的单倍体细胞或多细胞单倍体生物。该繁殖方式常见于藻类及真菌。

▶ 多倍体生物能否正常繁殖？

含有奇数染色体组的生物，由于无法平均分配染色体而不能产生配子。植物中常见多倍体生物，现存被子植物中30%～70%为多倍体。四倍体（$4n$）植物与二倍体（$2n$）植物杂交便产生三倍体植株，如无籽葡萄。

表1.2　植物中的多倍体生物

植　物	每个染色体组中染色体数目	染色体数	染色体组数
花　生	10	40	$4n$
甘　蔗	10	80	$8n$
香　蕉	11	22,33	$2n,3n$
棉　花	13	52	$4n$
苹　果	17	34,51	$2n,3n$

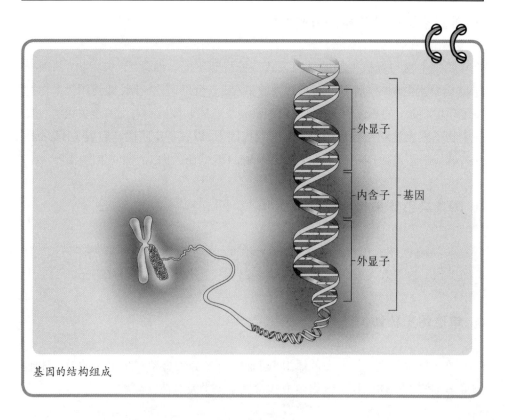

基因的结构组成

▶ 什么是P53基因?

P53蛋白可干扰肿瘤细胞生长,其分子量为53 kDa(千道尔顿)。人们发现,在损伤DNA的治疗(如放疗)后,细胞中P53蛋白含量有所增加。编码这种肿瘤抑制因子的基因为P53基因。肿瘤细胞中普遍存在使得该基因失活的突变。

▶ 基因的组成成分是什么?

"基因"指可作为模板,转录生成RNA或蛋白质的DNA片段。此外,每个基因都含有一个标志编码信息起始的启动子区域,以及一个表示编码信息终止的终止子区域。

▶ 什么是碱基对?

"碱基对"是表示DNA长度的一种常用方式。由于大部分DNA都是双链结构,其一条链上的含氮碱基总是与另一条链上的碱基互补配对。因此,"10碱基对"表示的是含两条单链、片段长度为10个核苷酸的DNA片段。

▶ 什么是多线染色体?

当DNA复制在没有细胞分裂的情况下发生时,可能会形成多线染色体。这

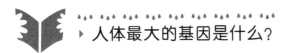

▶ 人体最大的基因是什么?

抗肌萎缩蛋白是人体最大的基因。其外显子个数超过30个,基因大小超$2.4×10^6$ bp。抗肌萎缩蛋白对维持人体肌肉组织的正常生理特性至关重要。

是一种巨大的缆状染色体,由多股染色单体(完全相同的染色体拷贝)平行排列而成。多线染色体常见于果蝇(*Drosophila melanogaster*)唾液腺中,且是转录活跃区。

▶ DNA分子的两条单链都携带遗传信息吗?

DNA分子中的一条链含有编码基因的遗传信息,称为"反义链"或"非编码链";定义这条链为模板链,并可转录指导mRNA的合成酸。其互补链称为"编码链"(因其含密码子)或"有义链";除了将U(尿嘧啶)替换成T(胸腺嘧啶)外,其碱基序列同mRNA分子的。

▶ 什么是基因冗余现象?

基因冗余即一个基因拥有多个复本的现象。基因冗余可以保证高表达量的必需基因的表达,如核糖体RNA(rRNA)基因的多位点转录。此外,在自然选择中,基因冗余在保留机体功能的前体下,提供了在自然选择中可供变异的序列。

▶ 什么是同源框基因?

同源框基因特指在胚胎发育中起着重要作用的一种同源异型基因。同源异型基因编码的蛋白作为转录因子可提高某些DNA的转录速度。不同种群中该序列的相似度可表征物种共同进化史。

▶ 同源异型框首次发现于哪种生物体内?

20世纪80年代,科学家在果蝇体内首次发现同源异型框。

▶ 什么是厘摩？

厘摩（cM）是基因在染色体上距离的测量单位。该单位以托马斯·亨特·摩根（Thomas Hunt Morgan, 1866—1945）的名字命名，以纪念其首次将基因定位到染色体上。具体来说，1厘摩相当于10×10^6个碱基对的距离。

▶ 什么是染色体交叉？

"交叉互换"的位置，即减数分裂第一阶段中同源染色体发生物质交换的点，被称为"交叉"。

▶ 什么是染色体图？

染色体图描绘了基因在染色体上的特定位置。染色体图一般是通过育种试验确定的。在育种试验中，通过具有某些特定性状子代比例，可以换算出这些基因在染色体上的距离有多远。

▶ 什么是假基因？

复制、转录过程中发生的突变可能使基因失去功能，普遍认为假基因产生于此。虽然与正常基因一样可以稳定存在，但是假基因不能表达多肽。

▶ 如何使基因沉寂？

阻止基因转录或干扰其转录产物皆可实现基因沉寂。基因沉寂是研究基因表达的手段之一。

▶ 什么是端粒？

端粒是存在于真核细胞染色体末端的一小段独特片段。实验证明：失去端粒后染色体无法保持其结构完整性；染色体上的DNA分子易相互融合，染色体

▶ 端粒磨损的速度是怎样的？

新生儿的端粒长度约为10 000 bp，含约15 000个重复序列。每经过1次细胞分裂，便有25～200个序列丢失；约100次细胞分裂后，最终细胞老化并衰亡。

末端也更易被酶（脱氧核糖核酸酶）降解。人类端粒含有特定的DNA重复序列（TTAGGG），其拷贝数可达250～1 500个。

▶ 端粒与年龄之间有什么关系？

多数细胞的染色体末端为一定数目的重复序列，这种重复次数是处于最佳状态。端粒酶可帮助磨损的端粒恢复到正常长度。研究表明，若使端粒酶基因沉寂，端粒将在细胞分裂过程中逐渐缩短。端粒酶基因在生殖细胞及某些干细胞中表达；但体细胞不表达该基因，因而端粒随细胞分裂而缩短。由此可见，或许有望通过延长细胞寿命来延缓衰老，这可以通过使端粒酶基因保持活性来实现。

▶ 什么是细胞的"青春之泉"？

针对端粒以及端粒酶的研究表明，细胞的寿命可远远超过其正常生命周期。研究发现，拥有更长端粒的线虫生命周期有所延长。

▶ 端粒与癌症之间有何联系？

端粒酶活性的激活使细胞寿命延长，但其也与癌症发生相关。在约90%的癌细胞中发现端粒酶活性都有所增强；在肿瘤发展到可以检测的大小时，癌细胞约进行了80次细胞分裂。反之，人类正常细胞在分裂30～50次之后，端粒便缩短到一个临界长度，使得细胞无法继续增殖。

转 录 与 翻 译

▶ 什么是转录?

转录是以DNA序列为模板合成mRNA的过程。这里所说的模板多为基因。随后以mRNA为模板翻译出多肽链。

▶ 什么是翻译?

翻译就是以mRNA转录本为模板,翻译出多肽链的过程。该过程涉及tRNA(转移核糖核酸或转运RNA)、rRNA(核糖体核糖核酸)、核糖体蛋白以及供应能量的GTP(鸟苷三磷酸)等多种生物分子。

▶ 转录与翻译的场所在哪儿?

转录是以DNA序列为模板合成mRNA的过程。这里所说的模板多为基因

因无细胞核及其他膜结构的细胞器,细菌体内蛋白质的合成场所是细胞质。然而在真核生物中,转录发生于细胞核内,转录后生成的mRNA转移到细胞质中并在核糖体上翻译出蛋白质。

◉ 什么是一基因一酶假说？

20世纪30年代，乔治·W.比德尔（George Beadle, 1903—1989）和伯利斯·伊弗鲁西（Boris Ephrussi, 1901—1979）提出导致果蝇性状变化的原因，可能是编码某些酶的单基因突变，使特定的生化反应受到阻滞。随后，比德尔和爱德华·塔特姆（Edward Tatum, 1909—1975）针对橙色面包霉菌——链孢霉菌（*Neurospora*）进行了一系列实验。链孢霉菌指明了真菌生成特定营养物——精氨酸——所需的酶促途径。研究者通过诱变获得了一系列突变物，每种突变物的酶促途径中所缺少的酶各不相同。由此，这些突变物就能组合出精氨酸合成过程中所需的序列，从而获得每个突变物的位置。比德尔和塔特姆的工作为主张一个基因控制一种酶的合成的"一基因一酶假说"提供了有力支持。该研究获得1958年诺贝尔生理学或医学奖。

▶ 一基因一酶假说是否已经有部分被修正？

某些基因的翻译产物不一定是酶，它们也可以是转运蛋白、受体或者细胞组分。因此，比德尔和塔特姆的假说被重命名为"一基因一条肽假说"。也许随着我们对特定多肽在细胞内各种作用的认识，该假说也将再一次发生变化。

◉ 什么是密码子？

密码子即mRNA链上编码一种特定氨基酸的相邻的三个碱基序列。20种常见氨基酸对应64（4×4×4）种密码子序列，这体现了遗传密码的简并性与精确性。每个密码子都只对应一种氨基酸，但是每种氨基酸可对应多个密码子。

◉ 什么是遗传密码？

所谓遗传密码即一张表示mRNA上的密码子及其对应氨基酸之间关系的

表格。密码子按照其所编码的氨基酸分类，表格上同时标注了"起始密码子"与"终止密码子"。起始密码子为甲硫氨酸编码，甲硫氨酸总是肽链的第一个氨基酸，甲硫氨酸可同时存在于肽链的其他位置中。肽链起始的甲硫氨酸在翻译转录过程后被去除。

▶ 什么是终止密码子？

终止密码子终止翻译。在翻译过程中，代替运载有氨基酸的转运RNA进入终止密码子的是释放因子，使得多肽链从核糖体上释放。有趣的是，起始密码子只有一个，但终止密码子却有三个。这意味着，DNA分子上的随机突变更容易导致正常蛋白质翻译的终止而非起始。

▶ 核糖体如何参与蛋白质合成？

核糖体提供蛋白质翻译的场所。这个由RNA与蛋白质组成的细胞器提供了信使RNA与转运RNA共同作用的场所。

▶ 核糖体的结构如何？

核糖体由大小亚基组成，两部分各由蛋白质及相应的核糖体RNA组成。翻译起始的时候，大小亚基形成一个环绕信使RNA的结构，此时第一个转运RNA（携带甲硫氨酸分子或甲酰甲硫氨酸分子）到达。一个完整的核糖体可同时与三个转运RNA分子相结合。任何一个时间内细胞中都含有大量的核糖体，核糖体RNA是细胞中最普遍存在的RNA类型。

▶ 可以从RNA分子得到DNA分子吗？

当然可以。在逆转录酶的作用下，RNA分子可反转录出DNA分子。该过程存在于HIV等逆转录病毒中。同时，逆转录酶在染色体上不同位点间DNA片段的复制中也发挥了重要作用。

如何从DNA转录出RNA？

在真核生物中，特定基因所在的DNA片段解旋；随后，RNA聚合酶以DNA为模板，按照碱基互补配对原则（U–A，G–C，C–G，A–T），以核糖核苷酸为原料，将DNA分子转录为RNA分子。

表1.3　DNA分子中的碱基和RNA分子中与之配对的碱基

DNA分子中的碱基	RNA分子中与之配对的碱基
腺嘌呤	尿嘧啶
胸腺嘧啶	腺嘌呤
胞嘧啶	鸟嘌呤
鸟嘌呤	胞嘧啶

转运RNA的作用是什么？

转运RNA，或称tRNA，起转运分子的作用。它识别核酸序列信息并将其转化为多肽序列信息。tRNA分子的一端为三个核苷酸序列的"反密码子"结构，与特定的密码子序列互补；另一端形似倒三叶草结构，为氨基酸的结合位点。具有特定反密码子的tRNA分子只能与唯一的某种氨基酸结合，保证了从信使RNA到多肽的翻译过程中信息传递的准确性。

表1.4　RNA分子中的碱基和RNA分子中与之配对的碱基

RNA分子中的碱基	RNA分子中与之配对的碱基
腺嘌呤	尿嘧啶
尿嘧啶	腺嘌呤
胞嘧啶	鸟嘌呤
鸟嘌呤	胞嘧啶

什么是摆动学说？

在密码子和反密码子的配对中，只有第一对碱基和第二对碱基严格遵守碱基互补配对原则。第三对碱基（"摆动位点"）上碱基配对的自由度，使得细胞中的45种转运RNA可以识别信使RNA上的64个可能的密码子序列。将2号位置的腺嘌呤碱基简并为肌苷分子，则该转运RNA可识别的信使RNA上的核苷酸数目增加。该学说由詹姆斯·沃森首次提出并已被多个实验所证实。

表1.5　转运RNA反密码子第三个碱基和信使RNA密码子中与之对应的碱基

转运RNA反密码子第三个碱基	信使RNA密码子中与之对应的碱基
C	G
G	U或C
A	U
U	A或G
I	A，U或C

▶ 什么是阅读框？

阅读框即翻译时转运RNA分子对信使RNA分子的一种阅读方式：每三个相邻的核苷酸读作一个密码子。通常，阅读框与密码子相匹配，但突变可引起核苷酸的增添与缺失，导致阅读框发生移位并合成出完全不同的蛋白质。

例如，一句由每个单词是三个字母组成的句子，若删去其中一个字母，则意思全变了："The big fat cat ate one red rat." 删去第一个 "e" 字母，这句句子变成："Thb igf atc ata teo ner edr at." 一句完全没有意义的句子！

▶ 什么是RNA剪接？

在真核生物中，RNA转录本在转运到细胞质中翻译成蛋白质之前可被修饰。该过程被称为RNA剪接或者转录后修饰。从进化角度来看，剪接使得有限的基因序列得以表达出更多样的信息。现有研究表明，真核生物的大多数基因是断裂基因——断裂基因的转录产物需要通过剪接，去除插入部分（内含子），使编码区（外显子）成为连续序列。

▶ 什么是剪接体？

剪接体是一种包含RNA和蛋白质的结构，负责真核生物细胞核中的RNA剪接。

真核生物中蛋白质合成的速度是怎样的?

真核生物合成一条含有300个氨基酸的蛋白质大约需要2.5分钟。

什么是内含子?

内含子即RNA转录本中被剪接体移除,并留在细胞核中的那一部分。

什么是外显子?

外显子是转录本的一部分,在剪接体的作用下与其他外显子拼接在一起组成信使RNA分子。外显子拼接在一起之后,它们将离开细胞核进入到细胞质中,在那里被翻译成多肽。

什么是垃圾DNA?

早前,人们将基因组的非编码部分称为"垃圾DNA"。后来证实其中一部分具有调节DNA复制或者转录的功能,而剩余部分可能是进化遗留下来的。

什么是操纵子?

操纵子指的是用于某一特定代谢途径所需蛋白,是一个含有所有基因的DNA片段。一个功能性操纵子包含了RNA聚合酶结合位点即启动序列,以及具有开关作用的操纵序列。迄今为止,操纵子仅见于细菌当中,这种高效率的相关基因组合体实现了单染色体组所携带的遗传信息量的最大化。

诱导操纵子和阻遏操纵子有何区别?

诱导操纵子仅在特殊条件下才能产生蛋白质。大多数细菌利用葡萄糖作为主要能量来源；然而，在乳糖存在的情况下，乳糖操纵子的开关将被打开，使得转录进行。阻遏操纵子的操纵基因大部分情况下处于打开的状态（转录进行中），除非信号出现（如过多的产物）使其关闭。

▶ 细菌中，一旦信使RNA形成后，需多长时间才能合成蛋白质？

在大肠杆菌体内，添加一个氨基酸仅需0.05秒。这意味着，合成一个由300个氨基酸组成的蛋白质仅需15秒。

▶ 抗生素对蛋白质合成有何影响？

抗生素可减缓或者停止细菌中的蛋白质合成。由于细菌感染抗生素的途径各不相同，已知的160种抗生素也对其影响各异。例如，链霉素通过干扰核糖体两个亚基的结合来抑制蛋白质合成的起始。

▶ 什么是翻译后加工？

信使RNA的翻译产物是一条被称为多肽的多氨基酸链。要将一条多肽链转变成具有与功能相适应的结构的蛋白质还需经过多个步骤。糖、脂质、磷酸基团或其他分子将加入氨基酸链中；该多肽链也有可能被"修整"过，起始多肽链的数个氨基酸可能被移除。某些蛋白质，如胰岛素，经过酶切后才具有生理功能。因此基于相同序列的多肽链可产生出不同的蛋白质，相同的基因可编码具有不同功能的蛋白质。这也就解释了为什么人类染色体组比预期的小。人类只有约35 000个基因，却编码了数十万种各不相同的蛋白质。

▶ 什么是伴侣蛋白？

有些蛋白可自发折叠成特殊的空间结构，另一些蛋白则需要其他分子的协助来完成该过程。伴侣蛋白指导新合成的多肽折叠成具有相应功能的三维结构。

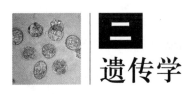

二 遗传学

孟德尔遗传学

▶ 谁是孟德尔?

格里格·孟德尔(Gregor Mendel, 1822—1884)是实验遗传学的奠基人。他以豌豆为研究材料,开创了与19世纪的遗传理论截然不同的领域,揭示了显性性状在亲代之间的遗传。

▶ 什么是融合遗传理论?

融合遗传是早期的一种遗传理论,它主张两亲本的相对性状在后代中融合为新的性状出现。例如,一匹白马与一匹黑马杂交,子代的毛色将介于两者之间。若该理论成立,那无疑随着传代的进行,所有的生物最终都将变得越来越相似。虽然这种理论风靡一时,但最终被孟德尔遗传定律和现代遗传学所替代。

▶ 什么是先成论?

17世纪晚期有幅插画描绘了含有一个微型成人的精子。这些先成人被称为"精子微人"。当时认为精子(及其中的小人)包含了孕育婴儿的所有性状,而卵子及子宫只是提供了一个孕育场所。

孟德尔成功的秘诀是什么？

孟德尔选择了一种简单的生物体作为实验对象,如豌豆,因此他可以控制实验植株的授粉;更为重要的是,他选择了具有易于观察的性状(如花色、茎长)的纯合植株。十一年间,他坚持仔细记录,并于数以千计的植物育种实验中发现了一定的比例关系。有趣的是,孟德尔曾于维也纳大学攻读物理与数学专业,师承后来发现了多普勒效应的克里斯蒂安·多普勒(Christian Doppler, 1803—1853)。孟德尔对统计学的兴趣在遗传比值的预测以及遗传定律的发现中发挥了重要作用。

孟德尔研究了豌豆的哪些性状?

孟德尔研究了豌豆显著且易于识别的一些性状。孟德尔的实验包括了高度、花色、豌豆颜色、豌豆形状、豆荚颜色及花在茎干上的位置等特征。

什么是等位基因?

等位基因即基因的另一种形式。每个基因通常有两个等位基因,但其数目因性状而异。每个个体分别从父亲和母亲处各自继承一个等位基因。同一性状的等位基因位于同源染色体的相同位置。

什么是纯合子和杂合子?

二倍体生物的每个基因都有两个等位基因,因此其等位基因可以是相同的(纯合子的, homozygous)或不同的(杂合子的, heterozygous)。该术语源于希腊语homos,意为"相同的"; heteros,意为"不同的",加上希腊语后缀zygotos,意为"结合在一起的"。

▶ 显性性状和隐性性状有什么不同？

显性性状指的是控制其性状的基因，不论以纯合子形式（DD）存在还是以杂合子形式（Dd）存在都能表达出来的性状。换言之，显性意味着只要含有显性基因的一个拷贝就可以表现出显性性状。但是"显性"并不表示其比隐性更正常或更普遍。反之，只有当基因型为纯合子时才表现出隐性性状。有时，一些等位基因表现为"无信号"信息，表示其不表达功能多肽。

▶ 什么是真实遗传？

当纯合个体与具有相同基因型的个人婚配时，只能产生该基因型的后代。这种遗传方式称为真实遗传或纯育。换句话说，纯合个体（AA，aa）自交即为真实遗传，但真实遗传不发生于杂合个体（Aa）中。

▶ 什么是杂合子？

两个基因型不同的纯合子交配（AA×aa）产生杂合子。若杂合子（Aa）自交，即为杂交。

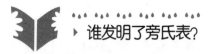

▶ 谁发明了旁氏表？

瑞吉纳·旁尼特（Reginald Punnett，1875—1967）发明了一种可用于预测杂交后代基因型的表格（旁氏表）。他是遗传学协会的创始人之一，并与威廉·贝特森（William Bateson，1861—1926）一起创办了《遗传学》杂志。旁尼特对鸡的遗传十分感兴趣，并发现了一种可将刚孵化出的小鸡迅速按照性别分开的伴性遗传性状。该发现对于一战后食品业的发展起到了重要作用。

▶ 什么是分离定律？

孟德尔的分离定律预测了单一性状的遗传过程。当配子产生时，一个特定基因的两个等位基因在配子形成过程中互相分离。若一豌豆植株基因型为Rr，R为圆粒，r为皱粒，则各有一半的配子中将携带有R或者r基因。分离定律发生于生物体产生卵子或精子的减数分裂时期，一个生物体的染色体数目减少一半。

▶ 什么是自由组合定律？

该条遗传定律，孟德尔用于预测杂交后代基因型（两个性状），如种子形状（R=圆粒，r=皱粒）和颜色（G=绿色，g=黄色）。若两形状不同的纯合子杂交，即RRGG×rrgg，则其子代基因型全为杂合子（RrGg），表现性为绿色圆粒豌豆。子一代（F1代）自交，将产生四种表现性以及9种基因型。由此，孟德尔认为亲本不同性状间对子代的遗传是相互独立的。换言之，控制同一性状的两个等位基因的分离，并不会对另一性状等位基因的分离产生影响。只有当控制两个性状的基因分别位于不同的染色体上或者在同一染色体上相隔较远，以至于它们的排序是独立的时，该定律才成立。

▶ 达尔文和孟德尔互相认识吗？

虽然他们生活于19世纪的同一时期，但他们并不互相认识。查尔斯·达尔文（1809—1882）的著作《物种起源》（1859）推广了他的自然选择学说，但同时也带来了生物体产生性状修饰或者产生新性状的原因是什么等问题。1865年，孟德尔发表了里程碑式的论文《植物杂交实验》。研究人员无法证明他们是否将对方的工作成果用于各自的理论之中。

▶ 对孟德尔的理论存在争议的原因是什么？

即使孟德尔工作的正确性毋庸置疑，部分科学家仍然认为孟德尔的工作太过于完美和精确。对于孟德尔科研工作的进一步挖掘发现，他可能没有报道那些没有表现出自由组合定律的性状的遗传。因此，他可能"扭曲"了一些实验数据。英国统计学家、人类遗传学家R.A.费歇尔（R.A. Fisher, 1890—1962）于1936年指出，孟德尔的实验数据比单独实验结果更接近于理想比例。无论如何，孟德尔发表的实验数据跟该领域其他科学家的结果相当，且他的实验结论仍被认可为遗传学核心的一部分。

▶ 概率论与遗传学有什么关系？

概率论是数学中用于预测事件发生的可能性的一个分支，应用到遗传学领域时，概率论是预测特定性状的遗传模式的重要工具。以下两个法则适用于遗传学：1）乘法法则用于预测任意两个事件同时发生的概率。如，生一个带酒窝的孩子的概率是1/4，而生一个男孩的概率是1/2；那么，生一个带酒窝的男孩的概率为1/4 × 1/2，即1/8。2）加法法则用于预测多种可能性的加和。如，若考虑生一个带酒窝的孩子或者生一个男孩的概率，那么，该事件发生的概率为1/2+1/4，即3/4。换言之，新生儿带酒窝或者新生儿为男孩的概率为3/4。

维多利亚女王与阿尔伯特王子家族的血友病伴性遗传模式是最著名的人类系谱

▶ 表现型与基因型有什么关系？

表现型是基因型及其编码的多肽的物理表现。以玫瑰为例，花瓣的颜色和形状（表现型）是每个花瓣细胞内化学反应的结果。细胞内基因（基因型）编码的多肽的合成就是这些化学反应的一部分。不同的基因表达出不同的多肽，并引发不同的分子反应，最终导致表现型的不同。

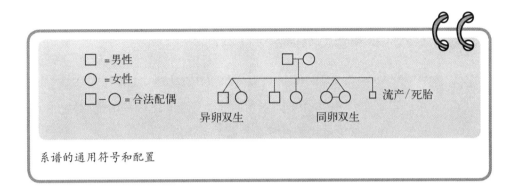

系谱的通用符号和配置

孟德尔杂交的比例预测是什么?

表2.1 常见的孟德尔遗传比例

杂 交 类 型	表 现 型 比 例	基 因 型 比 例
单基因杂交: Aa×Aa	3A_ : 1aa	1AA : 2Aa : 1aa
双基因杂交: AaBa×AaBb	9A_B_	1AABB
	3A_bb	2AABb
	3aaB_	1AAbb
	1aabb	2AaBB
		4AaBb
		2Aabb
		1aaBB
		2aaBb
		1aabb

注: A=显性,a=隐性; B=显性,b=隐性

如何预测杂交遗传的结果?

基因杂交的结果可用一张旁氏表来预测,旁氏表以表格的形式展现了孟德尔的分离定律和自由组合遗传定律。在表2.2中分别列出了可能遗传自子亲本双方的等位基因。显性基因用大写字母表示(如下表中的G),隐性基因用小写

人类最著名的系谱图是什么？

维多利亚女王（1819—1901）与阿尔伯特王子（1819—1861）的皇室家族中血友病伴性遗传模式是最著名的人类系谱图之一。

字母表示（g）；表格中则为可能的等位基因组合。在这张表中，中间每个单元格为Gg组合（杂合子）。

表2.2　旁氏表

	G	G
g	Gg	Gg
G	Gg	Gg

减数分裂与孟德尔定律有何关系？

孟德尔的分离定律指的就是减数分裂过程发生的行为。他曾猜测配子中含有可控制特定性状的"遗传因子"，而这些遗传因子随配子的产生而分离。配子由减数分裂产生，减数分裂时染色体数目减半（由二倍体变成单倍体）。

什么是系谱图？

系谱图即家族的基因史，它展现了性状在几代人之间的遗传。一张系谱图可以反映出家族成员的出生顺序、子代性别、是否双胞胎、婚配情况、存亡状况、是否死胎以及某些特定遗传性状的遗传模式等信息。

什么是基因决定论？

基因决定论认为动物的行为方式与性格特征完全由基因决定。由于遗传物质

表2.3　家族世代表

代	代 际 符 号
太高祖父母	P
高祖父母	F1
曾祖父母	F2
祖父母	F3
父　母	F4
子　代	F5

是一代接一代地传递下来的,因而认为我们所有的性状(长相、行为方式、心理状态)等的差异是由基因引起的似乎也合乎逻辑。近期更为广泛的研究表明,环境因素在哪些基因将对个体发育产生影响或产生怎样的影响方面有着重要的作用。

▶ **遗传杂交中对世代是如何描述的?**

通常情况下,遗传杂交起始于相对性状不同的两个纯合子亲本,亲本用字母P表示。其杂交子一代称为F1代;以此类推,接下来的后代可用F2、F3等表示。

▶ **什么是二倍体生物?**

二倍体生物指拥有两套染色体组的生物,每套染色体组分别遗传自一个亲本。

▶ **什么是同源染色体?**

在二倍体生物中,除性染色体外,染色体都成对存在。但并非所有的生物都是二倍体生物,例如细菌只有一个圆形染色体,而一些昆虫的染色体数目为奇数。人类的每个体细胞（包括卵母细胞和精母细胞）含有46条染色体——22对常染色体和1对性染色体。这些染色体对称为同源染色体，携带相同的基因序列，具有相同遗传的特征。

▶ 什么是常染色体?

常染色体是指含有不同性别个体所共同具有的遗传信息（基因序列）的染色体。这类染色体常见于遗传学例子中。

▶ 什么是性染色体?

性染色体（哺乳动物中为X、Y染色体）是不配对的染色体。Y染色体只出现在雄性当中，并携带有性别决定基因SRY。SRY基因决定个体是否发育出睾丸以及是否分泌出足量的睾丸素（激发雄性特征的荷尔蒙）；而X染色体上尚未发现与卵巢形成相关的基因。因此，Y染色体的缺乏决定了该生物为雌性。

遗传学的新时代

▶ 哪些发现标志着现代遗传学的开端?

直到细胞学研究的进展使得科学家们能更好地研究细胞后，孟德尔的工作才得到了足够的重视。19世纪90年代，荷兰的雨果·德弗里斯（Hugo de Vries，1848—1935）、德国的卡尔·科伦斯（Carl Correns，1864—1933）、奥地利的恩里奇·冯·丘歇马克（Erich von Tschermak，1871—1962）研究了孟德尔1866年的原始手稿并重复了实验。在接下来的几年里，染色体作为细胞核内的离散结构被发现。1917年，哥伦比亚大学的果蝇遗传学家托马斯·亨特·摩尔根，将孟德尔的发现拓展到了染色体结构和功能领域。这个发现以及20世纪50年代的后续发现标志着现代遗传学的开端。

▶ 何谓基因?

基因是包含多肽分子密码的一段特定序列。多肽是蛋白质的一个亚单位。

▶ 我们能看见基因吗?

不能。因为基因是亚微观的,所以不可见。我们可以看见一个包含基因的染色体,遗传学者可以精确找到基因在染色体上的位置,但真正的基因是不可见的。

▶ 基因和基因型(genotype)首次应用于什么场合?

术语"基因"(gene),源于希腊术语genos,意思是"生殖,生产"。基因型在1909年首次被丹麦植物学家维尔海姆·约翰森(Wilhelm Johannsen, 1857—1927)使用。维尔海姆·约翰森被认为是现代遗传学的奠基人之一。

▶ 什么是哈迪-温伯格定律?

1909年提出的哈迪-温伯格定律,将孟德尔遗传定律拓展到自然种群。它用公式解释了各等位基因的频率和基因型概率在遗传中是稳定不变的。哈迪-温伯格定律基于以下假设:1)种群规模是庞大的,2)个体交配是随机的,3)没有突变;4)没有外源型新的等位基因输入;5)没有自然选择,使得新的等位基因组合有相同的生存率。哈迪-温伯格定律可用两种方法表达:1)$p+q=1$;2)$p^2+2pq+q^2=1$。

▶ 哈迪-温伯格定律的变量

表2.4　哈迪-温伯格定律的变量

变　量	p	q	p^2	$2pq$	q^2
含　义	显性基因的概率	隐性基因的概率	显性纯合基因型的概率	杂合基因型的概率	隐性纯合基因型的概率

何时开始使用"遗传学"（genetics）这一名词?

1905年，威廉·贝特森使用了术语"genetics"来描述遗传和遗传多样性研究。然而，该术语直到"基因"（gene）被维尔海姆·约翰森引用于描述孟德尔遗传因子时，才被普遍使用。

▶ 什么是巴尔小体?

1949年，穆雷·巴尔博士（Murray Barr, 1908—1995）在雌猫神经细胞内发现了一团深色物质。随后证明该结构只在雌性细胞核中出现，为了纪念它的发现者，它被命名为"巴氏小体"。

▶ 什么是里昂假说?

里昂假说的对象也是巴尔小体。该理论由玛莉·里昂（Mary Lyon, 1925— ）博士于1961年提出，认为巴尔小体的本质为一条失活的X染色体。这一假说认为，在雌性胚胎发育早期，每个细胞中都有一条X染色体。该高度聚缩的染色体即巴尔观察到的巴尔小体。这便意味着雌性与雄性都只依赖于来自单一X染色体的基因。因此，雌雄个体中都只有一条X染色体可表达遗传信息。

▶ 第一个发现遗传与代谢紊乱有关的人是谁?

英国医生阿奇博尔德·伽罗德（Archibald Garrod, 1857—1936）对一种被称为尿黑酸症的疾病颇有兴趣，该疾病十分罕见且对人体并无危害。其唯一特征是患者的尿液一暴露于空气中就变成黑色的。最初，医生们认为该疾病是由于细菌感染引起的；然而，伽罗德发现该疾病易发于近亲婚配产下的子代中，孟德尔学派的研究者描述其为一种常染色体隐性遗传病。伽罗德认为尿高德菲·哈迪（Godfrey Hardy, 1877—1947）是剑桥大学的数学家，在与瑞吉纳·旁尼特（因旁氏表著称）进行学术探讨时，讨论了英国人中短指症的遗传方式。旁尼特指出根据孟德尔法则，若短指症是由显性基因控制，则迟早每个英国人都要患上短指症。为了证明该假设不成立（大多数英国人的手指长度正常），哈迪对于基因型与表型关系的一些问题做出了解释。哈迪的文章发表数周后，德国医生威廉·温伯格（William Weinberg, 1862—1837）也阐明了两者之间的联系，发表了同样的观点。

液变黑，是由于患者体内缺少能够分解使尿液变黑的蛋白质的相关酶。他指出尿黑酸症是一种先天性的代谢紊乱症。可惜的是，由于当时对代谢途径的认识十分有限，伽罗德的贡献没有得到足够的重视。直至20世纪50年代其工作才得到认可，他也获得了"化学遗传学之父"的美誉。

▶ 托马斯·亨特·摩尔根对遗传学有哪些贡献?

因揭示了染色体在遗传中的作用，托马斯·亨特·摩尔根于1933年被授予诺贝尔生理学或医学奖。摩尔根最为世人所熟知的事业，当属其在哥伦比亚大学的"果蝇实验室"，他在那儿发现了果蝇（*Drosophila*）突变体。摩尔根研究果蝇的方法与孟德尔研究豌豆的方法相似。他发现，果蝇的眼睛颜色等相关性状的遗传会受子代性别的影响。

▶ 什么是基因表达?

基因表达即特定基因控制合成的分子产物，是表型的另一种描述方式。生物体的表型是由特定多肽的基因蓝图（DNA）引导的化学相互作用的结果。

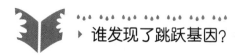

谁发现了跳跃基因？

20世纪50年代，芭芭拉·麦克林托克（Barbara McClintock，1902—1992）在纽约市冷泉港实验室以玉米为对象研究细胞遗传学。她发现在玉米粒形成期间，某些基因可在细胞间转移。麦克林托克通过观察杂交世代间玉米粒的颜色的变化得出该推论。她因此被授予1983年的诺贝尔生理学或医学奖。

▶ 比德尔和塔特姆对遗传学的贡献是什么？

20世纪30至40年代，乔治·W.比德尔和爱德华·塔特姆揭示了基因与蛋白质之间的联系。他们在特定的培养基上培养橙色面包霉菌，并对其进行紫外（UV）诱变；诱变后的橙色面包霉无法在培养基上生长，除非加入特定氨基酸才能恢复生长。紫外线使橙色面包霉菌DNA上的一个基因发生突变，并导致突变酶的产生；在该酶的作用下，菌株呈现出一定的突变性状。比德尔和塔特姆的研究，对于揭示基因通过控制代谢途径中酶的合成来控制生物体性状至关重要。换言之即"一基因一酶学说"。1958年，比德尔和塔特姆被授予诺贝尔奖；随后科学家们意识到基因及其产物间的关系极其复杂。

▶ 何谓跳跃基因？

跳跃基因即可从染色体上的一个基因座转移到另一个基因座上的基因，或可在不同染色体间"跳跃"的基因。跳跃基因又称转座子。

▶ 基因组中的所有基因都可以表达吗？

并非基因组中的基因都可表达；生物体也不同时表达所有基因。对于细胞而言，蛋白质合成需要消耗大量能量，因此蛋白质仅在需要其参与来实现某一细胞功能时才会产生。例如，在成年之前，人类细胞不断合成骨骼、肌肉生长所需的生长激素；但在到达相应年龄（因人而异）后，控制生长素合成的基因进入休眠状态，生长激素合成终止。

▶ 基因与染色体有什么区别？

人类基因组包含24个相互区别、形态各异的结构单元，这种结构单元被称为染色体。成千上万的基因在染色体上呈线性排列。"基因"指DNA分子上特定的核苷酸序列。含氮碱基不同的排列顺序组成了不同的基因。人类基因组约含有30亿对碱基，但基因长度差异很大。

▶ 何谓核型？

核型是染色体组的表型，即染色体的大小、形状和数量信息。核型可用于检测染色体增添或缺失以及染色体重排、染色体断裂等。有细胞核的细胞都可用于绘制核型。人类的白细胞最适合用于核型绘制。将培养后的细胞用药物终止其有丝分裂，之后将染色体染色、观察，就能绘制其核型。

▶ 为什么遗传学研究常以特定的某些生物为研究对象？

实验研究一般使用基因组相对较小、代世较短且可圈养的生物。尽管这些生物的外表与人类相去甚远，但它们的基因组中也存在与人类基因组相似的片段，并可用于某些遗传问题与基因表达的研究。

表2.5　常用于遗传学研究的生物

生　　物	种　　类	基因组大小（百万碱基对）
拟南芥属（*Arabidopsis thaliana*）	植　物	120
橙色面包霉菌（*Neurospora*）	真　菌	40
大肠杆菌（*Escherichia coli*）	原核生物	4.64
果蝇（*Drosophila melanogaster*）	动　物	170
蛔虫（*Caenorhabditis elegans*）	动　物	97

▶ **基因是如何控制其他基因的?**

基因并不能控制另一个基因,但可以影响其他基因的表现,这种现象称为异位显性。如拉布拉多犬体内控制黑色素沉积的基因:显性基因 B 使黑色素大量沉积,隐形基因 b 则使少量黑色素发生沉积。因此基因型为 BB 或 Bb 的拉布拉多犬为黑色的,基因型为 bb 时为棕色。另一个基因则控制黑色素是否沉积:基因 E 存在时黑色素可发生沉积,而隐性基因 e 存在时黑色素不沉积。因此,基因型为 ee 的拉布拉多犬为黄色;而基因型为 EE 或 Ee 的犬有黑色素沉积,不呈黄色。基因 B 与基因 E 之间的相互作用决定拉布拉多犬的毛色。

表2.6　拉布拉多犬的基因型与毛色

基 因 型	毛 色	基 因 型	毛 色
BBEE, BbEE, BBEe, BbEe	黑 色	bbEE, bbEe	棕 色
Bbee, BBee	黄 色	bbee	黄 色

▶ **一个性状如何拥有两个以上等位基因?**

等位基因即同一基因的不同状态。同一基因序列可能具有形式多样的等位基因,即复等位基因。复等位基因存在时,基因之间存在一定的显隐性关系,或相对显隐性关系图,用以表明哪些等位基因将被优先表达。

▶ **何谓共显性等位基因?**

共显性属于非孟德尔遗传的例子之一。当等位基因之间呈共显性关系时,可共同表现在生物体性状上。如控制丝毛兔毛色的四对基因。

表2.7　丝毛兔的基因与毛色

基 因	基因作用
C	形成黑色素或黄色素
丝毛基因 *C*（chd）	将黄色素转化为白色或珍珠白

基　因	基 因 作 用
阴影基因C（chl）	消除黄色素；将黑色素转化为深褐色
白化基因C	阻止色素形成

兔子体内显性基因C存在时毛色基因表达，而cc为白化基因。等位基因c存在不同形式，其表达产物互不相同。

表2.8　丝毛兔的基因型与表型

基 因 型	表 型
$C\_$	全　色
cc（chl）	部分有颜色
cc	白　化

▶ 一个复等位基因杂交的例子是什么样的？

哺乳动物的血型取决于红细胞膜表面特殊的标志分子（糖蛋白）类型。人类ABO血型由三个等位基因控制：A，B和i（无表面标志物）。基因A和基因B分别表达不同的标志物。A、B为共显性基因，它们相对基因i都为显性。因此$Ai \times Bi$（血型A×血型B）杂交子代的比例为：$1/4AB$（AB型血），$1/4Ai$（A型血），$1/4Bi$（B型血），$1/4ii$（O型血）。

▶ 环境如何影响基因？

有些基因对温度很敏感。在暹罗猫体内，合成黑色素的酶只在低温下具有活性；身体温度越低的部位颜色越深。由于躯干的温度高于四肢，因此躯干的颜色较浅。若你的暹罗猫在冬天时跑到户外，其毛色将会加深。暹罗猫幼崽的毛色往往较浅，这是由于母猫的身体提供了一个较为暖和的环境。

▶ 什么情况下染色体会受损？

染色体损伤可分为物理损伤（形态变化）和分子损伤（特定DNA序列的变化）

两类。染色体可发生随机断裂；而暴露于电离环境中就相当于一个小型炮弹的作用，可使得DNA分子受损。物理创伤、化学试剂等因素也可能引起染色体断裂。一条染色体断裂后，断裂部分可能会拼接到其他染色体上，该过程称为染色体易位。断裂的染色体也可能相互连接，形成一个环形。任何一种化学变化都被称为突变。

▶ 突变有哪些不同类型？

突变可能是生发的，即发生于胚胎细胞（始于配子）中，也可能是体细胞的（发生于任何非性细胞中）。两者的区别在于，胚胎细胞突变将影响个体的所有细胞，而体细胞突变只会影响其有丝分裂产生的子细胞。突变有多种类型：

- 点突变，即DNA分子上的单碱基突变；
- 缺失突变，即基因所携带的遗传信息的丢失；
- 插入突变，即基因中插入外来DNA片段；
- 移码突变，即缺失或插入1～2个碱基。

表2.9 不同类型的突变

突变类型	原始序列	突变后序列
置换突变	ATCCTTAGGA	ATCGTTAGGA
缺失突变	ATCCTTAGGA	ATCCGGA
插入突变	ATCCTTAGGA	ATCCTTCCGAGGA
倒位突变	ATCCTTAGGA	ATTTCCAGGA
重复突变	ATCCTTAGGA	ATCCTTCCTTAGGA

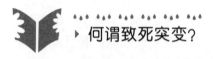

▶ 何谓致死突变？

阻止有机体（或者胚胎）发挥重要功能的突变被称为致死突变。研究表明，许多基因都存在产生致死突变的可能。

▶ 什么情况下会发生基因重组？

基因内的任何重排都是基因突变的一种,这种重组通常是随机发生的。该突变可能是无害的,只增加了生物基因组的多样性,但也可能引起严重后果。

▶ 所有的突变都是有害的吗？

并非所有的突变都是有害的。虽然人们总认为"突变"是消极的,但突变对于种群的基因库而言意义非凡,突变带来了基因多样性。若没有突变的发生就没有多样性,从达尔文的观点来看,也就没有自然选择。

▶ 什么是基因多效性？

基因多效性指一个基因控制多个性状的现象。如镰状细胞贫血病,因血红蛋白氨基酸序列上的一个单基因突变导致一系列影响。红细胞合成非正常血红蛋白分子,由于其奇特的形状,这种畸形的血红蛋白往往粘在一起并结晶。此外,正常性状的血红细胞也将由盘状变成镰刀形(以此命名镰状细胞贫血病)。镰刀形的红细胞使小血管发生堵塞,引发疼痛、脑损伤及心力衰竭等。畸形红细胞中存在异常血红蛋白,其运输氧气能力下降,导致身体虚弱以及贫血。若未及时加以治疗,这种贫血可影响心智。

▶ 何谓杂合子优势？

杂合子优势即平衡选择,指相对于隐性纯合基因型或显性纯合基因型而言,杂种(杂合子)具有生存(选择)优势的现象。某些疾病只在基因型为纯合子时致死。那么为何有些致死基因不会从种群基因库中消失呢？以囊性纤维病为例,杂种个体对可引起机体大量失水的霍乱等疾病更具有抵抗力。霍乱弧菌(*Vibrio cholera*)会引发霍乱,该细菌分泌一种可使机体大量失水进而因脱水在短时间内死亡的毒素。再如,在非洲,患有镰状细胞贫血症的个体更具有生存优势(其对疟疾的抵抗能力更强)。

不同生物的性别决定方式有何不同？

表2.10 不同动物中的性别决定方式

物　种	性别决定方式
人类及其他哺乳动物	由Y染色体的有无决定：雄性XY，雌性XX
鸟　类	雄性WW，雌性WZ
蜂	雌性为二倍体，雄性为单倍体
果　蝇	由性染色体与常染色体的比例决定：该值≥1为雌性，该值≤0.5为雄性

多基因遗传的例子有哪些？

若某一性状由多于一个基因控制，则称其为多基因遗传。多基因遗传的例子包括人类的身高、体重、肤色及智力水平等。某些先天性畸形（先天缺陷），如畸形足、腭裂及神经管畸形等也是多基因作用的结果。

何谓多因子性状？

由一个或多个环境因子与至少两个基因共同决定的表型称为多因子性状。该定义反映出基因控制的表型可能受多因子共同影响。许多疾病是由多因子控制的，如蚕豆症，一种天生的代谢紊乱症，患者为贫血症易感型体质。然而，患者只在食用蚕豆或吸入花粉后（环境因子），才会发生贫血。

生物体可以拥有超过两套基因吗？

拥有超过两套完整染色体的生物称为多倍体生物。对于人类而言，多倍体个体难以活到成年。然而植物可以，甚至多倍体植物的繁殖能力更强。事实上，这已经成为一种新的植物育种手段。

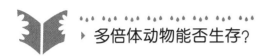

多倍体动物能否生存？

生活于南美洲的一种啮齿动物红色山绒鼠（*Tympanoctonys barrerae*）是四倍体生物，其染色体数目达102条。

▶ 何谓交叉互换？

在减数第一次分裂前期，同源染色体成对排列，当两条染色体相互缠绕时，可以相互交换其上的部分DNA片段，该过程即为交叉互换，名称来源于一条染色体上的基因序列与同源染色体上的基因序列发生了互换。

▶ 何谓连锁基因？

连锁基因指遗传方式相同的基因。人类有24种类型的染色体，其上大约存在35 000个基因，因此，每条染色体上约有1 000个基因，减数分裂中这些基因作为一个分裂单元进行减数分裂。然而，有联系的基因之间往往非常接近，相比于无联系的基因而言更易产生交叉互换。

▶ 何谓伴性遗传？

伴性遗传常见于伴X染色体遗传，如色盲（红绿色盲）、血友病（A、B型）、鱼鳞病（一种大面积皮肤呈黑色的疾病）以及杜氏肌营养不良症等。伴Y染色体遗传较为罕见。外耳道多毛症是一种罕见的伴Y染色体遗传病。

▶ 何谓基因家族？

可按照基因家族为基因分类。许多基因之间存在序列重复现象。序列重复在30%～90%之间的基因属同一基因家族。不同的基因家族包含的基因数在几个至数千个不等。基因家族的一个例子是编码组蛋白的基因群,组蛋白是维持DNA形态的重要蛋白质。

▶ 何谓表观遗传?

正如"表皮"指的是真皮以上的皮肤组织,"表观遗传"指的是非基因决定的表型,如遗传印记。

▶ 何谓遗传印记?

遗传印记是表观遗传的一种,用于表示因等位基因来源不同而表现出功能上的差异的遗传现象。比如以下两种由于15号染色体部分缺失引起的综合征:普拉德-威利综合征是由于15号染色体上父本来源基因缺失引起的遗传病,患儿手足偏小、智力迟钝且肥胖;而天使症候群则是由于15号染色体上母本来源基因缺失引起的遗传病,患儿口、舌肥大,精神、运动神经发育迟缓,但性格开朗、常大笑不止。

人类基因组计划

▶ 什么是人类基因组计划(Human Genome Project, HGP)? 其目标是什么?

HGP始于1990年,根据HGP官网(http://www.doegenomes.org/)发布的信息,该计划目标如下:
- 识别人类染色体中3 000～40 000个基因;
- 测定组成人类染色体的30亿个碱基对信息;
- 将上述信息储存在公共数据库中;
- 改善数据分析方法;
- 将相关技术转让给私营企业;
- 解决项目可能带来的伦理议题、法律议题及社会议题。

▶ 人类基因组计划如何改变了科学家对人类基因数量的评估?

人类基因组计划使得科学家们重新审视隐藏在染色体组中的人类基因数目。该项目结果显示,预期的基因数目从10万个下降到3～4万个。

▶ 就目前来看,人类所携带的基因数目是多少?

2003年4月,科学家们公布的人体生长发育所需的基因数仅为24 500个(芥菜的基因数为25 000,果蝇的基因数为13 000)。分析2001年2月公布的人类基因组序列草图可以发现,编码蛋白质的基因数仅为3～4万;随着HGP应用程序的不断完善,该数值可能还会有一定波动。

▶ 作为人类基因组计划的一部分,ELSI指的是什么?

ELSI是人类基因组计划中比较特殊的一部分,它主要解决由人类基因组计划引起的一系列伦理(Ethical)、法律(Legal)以及社会(Social)议题(Issue)。人类基因组计划预算的3%～5%将用于ELSI。ELSI堪称世界上最为复杂的生物伦理学研究课题。

▶ 什么是HUGO?

HUGO,即人类基因组组织,是一个旨在促进世界各地人类遗传学家相互合作的国际性组织。

▶ HGP耗资多少?

据报道,HGP耗资30亿美元,该数字包含了13年间(1990—2003年)的所有花费。真正花费在测序上的钱仅为其中的一小部分。

▶ **人类基因组项目资金由哪些政府部门提供?**

在美国,该项目主要是由美国能源部(DOE)和国家卫生研究院
(NIH)资助。美国能源部主要资助对辐射及供能过程产生的副产物对基因
的影响的研究。在欧洲,经费来源于欧盟委员会、慈善机构以及国家研究理
事会等。

▶ **什么是遗传指纹?**

正如指纹可用于识别个人身份一样,基因(或DNA)指纹是每一个体独一
无二的DNA序列模式。

▶ **什么是基因组?**

基因组是从亲本那里继承来的一套完整的基因。物种基因组大小各不相
同。人类基因组的基因数目尚未完全确定。

表2.11　部分物种基因组大小

物　　种	基因组大小(碱基)	预计基因数
大肠杆菌	4.6×10^6	3 200
酿酒酵母	12.1×10^6	6 000
线　虫	9.7×10^7	19 099
果　蝇	1.37×10^8	13 000
拟南芥	1×10^8	25 000
河　豚	4×10^8	38 000
鼠	2.6×10^9	30 000
人	3×10^9	30 000
人类免疫缺陷病毒	970	9

▶ **人类基因组中的具编码功能的基因数有多少?**

只有约5%的人类基因具有编码遗传信息的功能。

▶ **为什么蜜蜂基因组信息如此重要?**

2004年1月蜜蜂基因组草图问世。为什么蜜蜂基因组信息如此重要?作为作物的主要传粉者,蜜蜂(*Apis mellifera*)是一种社会性昆虫,对昆虫的基础研究具有重要意义。

▶ **谁绘制了第一份基因图谱?**

虽然基因图谱是一个相对较新的基因定位手段,但20世纪早期的遗传学家们就已经给出了它的雏形。埃德蒙·比彻·威尔逊(Edmund Beecher Wilson,1856—1939)及其同事首次证明男性和女性之间的遗传差异取决于细胞中的一对特殊染色体。托马斯·亨特·摩尔根、卡尔文·布里奇斯(Calvin Bridges,1889—1938)及其同事将男性与女性之间存在遗传差异的一个基因定位于一条性染色体上。这些是基因图谱的起源。

应　用

▶ **最大的人类基因数据库在哪里?**

针对全人类的基因组研究正迅速发展。为了管控遗传信息的传播渠道并为其使用提供伦理准则,许多国家都建立了人类基因库。如,冰岛、英国建有国家基因数据库,加拿大、瑞典建有区域数据库。

▶ **最常见的基因缺陷有哪些?**

葡萄糖-6-磷酸脱氢酶(G6PD)缺乏症是最常见的人类酶缺乏症。据估计,全世界范围内有4亿人口受到这种疾病的影响。G6PD等位基因位于X染色体上，具有伴性遗传的特点。相比于女性而言，男性个体更易患病。G6PD是氧化还原反应生成NADPH（还原型烟酰胺腺嘌呤二核苷酸磷酸）过程中的一种关键酶，而NADPH是细胞中诸多生物合成路径所必需的辅助因子。由于红细胞对氧化条件敏感，因此其稳定性会受到G6PD缺乏的影响。由于G6PD缺乏引起的临床疾病有新生儿黄疸、溶血性贫血等。

托马斯·亨特·摩尔根在染色体与遗传研究上做出了重要贡献

▶ 乳糖不耐受症是一种遗传性疾病吗？

乳糖不耐受症是由于乳糖酶失活引起的。乳糖酶将哺乳动物体内的乳糖水解为葡萄糖和半乳糖两种单糖。乳糖不耐受症在成年人中较为普遍；一般两周岁后，乳糖酶在人体内的合成量便开始下降。美国人的乳糖不耐受症因人而异。先天性乳糖不耐受症是一种鲜有的常染色体隐性遗传疾病。与之不同的是儿童期或成年发病的乳糖不耐受症，这是一种常见的常染色体显性遗传疾病。

表2.12　美国人中的乳糖不耐受症

人　　群	发　病　率
高加索人（西北欧洲血统）	6%～25%
美国黑人	45%～81%
墨西哥裔美国人	47%～74%
美国的印第安人、阿留申人、因纽特人	75%
亚裔美国人	95%

▶ 为什么来自不同地域的人可能拥有不同的遗传性状？

人类行为可以影响等位基因的分布。例如社会约束从语言、信仰、经济条件等方面限制了人类对伴侣的选择；与世隔绝的种族（如土著岛民）继续保持隔绝状态；而科技进步推动了世界人口迁移。科学家们对ABO型血红细胞的B等位基因展开了研究。研究表明，B基因最初集中分布于中亚地区；而随着亚裔人口迁往欧洲，B等位基因的分布也随之改变。现在B基因出现频率最高的地区为东欧地区，而频率最低的地区为欧洲西南部。

▶ 为什么会出现隔代遗传现象？

隐性纯合子控制的性状常出现隔代遗传现象。隐性纯合个体与显性纯合个体杂交产生的子代全为杂合子且不表现出隐性性状。然而，两个表型正常的杂合子个体婚配产下的后代就可能出现隐性性状。这也取决于该性状是单基因遗传还是多基因遗传，或者基因与环境因子共同作用的结果。环境因子（干旱、热波等）在某一代中的缺失可能使某一性状突然再现。

▶ 精神病具有遗传性吗？

多数精神病与遗传因素相关。1993年，一项针对某一家族展开的研究发现，特定类型的精神病与某些男性X染色体短臂区域之间有一定联系，这种精神病包括频繁的攻击性与偶尔爆发的暴力倾向。这是较为罕见的单基因缺陷与特定类型的精神疾病直接关联的例子。

▶ 基因会影响情绪吗？

情绪障碍区别于偶然的类似于"糟糕的一天"的强烈的情绪困扰。情绪障碍包括抑郁（最普遍的一种情绪障碍）、躁郁症和精神分裂症等。通过对家族精神病史及领养情况的研究，科学家们发现躁郁症与遗传相关。然而，只有60%携带该基因的同卵双胞胎患病。这表明该病并非完全由基因控制。显然，环境因子和社会因素在影响人情绪方面同样举足轻重。

▶ 攻击性行为受遗传控制吗?

目前仍难以定义"攻击性行为"。是否存在与攻击性行为相关的特定基因,仍有待研究。

▶ 酗酒会遗传吗?

若对全美成年人展开调查,会发现近10%的人酗酒,其男女比例约为4∶1。这种比例失调与环境和遗传都有关系。针对男性酗酒者的亲属展开的研究表明,酗酒是由于多种因素引起的。虽然酗酒男性的儿子与兄弟也有可能酗酒(可能性分别为25%和50%),但遗传并非引起酗酒的唯一因素。酗酒也与抑郁症有关,其中尤以遗传性情绪障碍为甚。酗酒的遗传基础尚未明确。

▶ 肥胖是可遗传的吗?

以鼠为实验对象的研究表明,至少有两个基因与肥胖相关,分别为肥胖基因(ob)和糖尿病基因(db)。肥胖基因编码控制体重的荷尔蒙瘦素(leptin,源于希腊语leptos,意为"苗条"),瘦素由脂肪细胞分泌产生。瘦素由脂肪细胞释放后,运输至下丘脑(大脑中的某一特定区域)与受体结合,而该受体由糖尿病基因编码。一旦瘦素与受体结合即可调节能量消耗效率。但体重是一项复杂的生命体征,未来必将发现更多与之相关的基因。

▶ 是否存在同性恋基因?

同性恋与基因大有关联。一项针对56对男性同卵双胞胎展开的研究表明,兄弟二人同为(同时发生)同性恋的概率达52%;而异卵双胞胎兄弟的该概率为22%,非孪生兄弟间该概率为11%。这表明,遗传上相近的人更倾向于拥有相同的性倾向。多项研究认为男性同性恋倾向基因可能位于X染色体顶端。值得一提的是,并非所有携带该基因的男性都为同性恋者,因此同性恋也受多种因素(环境因子与遗传因子)影响。尚未有针对女同性恋者的研究数据公开。

▶ 何谓基因歧视？

基因歧视指保险公司和雇主利用遗传信息对人群进行筛选，从而设立保费（保险公司）或决定是否聘用、解雇员工的行为。美国参议院于2003年10月14日通过了《2003年反基因歧视法》。该法案禁止保险公司或雇主以携带易感基因为由影响投保和就业，且为遗传信息的隐私性提供了法律保护。

▶ 历史上有哪些著名的遗传病患者？

最常见的遗传性结缔组织疾病为马方综合征。患者通常十分高大并伴随骨骼畸形、关节疏松等特征。亚伯拉罕·林肯、帕格尼尼、拉赫玛尼诺夫等人都患有马方综合征。由于身形高大、骨骼异常，患者往往在篮球、排球等体育运动中表现突出。排球奥运明星弗洛·海曼（Flo Hyman）死于马方综合征引起的主动脉破裂。英国国王乔治三世（1738—1820）患有卟啉病，这是一种临床表现为偶发性疼痛和痴呆的遗传性疾病。

▶ 人类单基因控制的疾病有哪些？

表2.13　单基因控制疾病

类　别	遗传方式
棒状拇指	隐性
卷　舌	显性[※]
拇指交叉（从右到左）	隐性
美人尖	显性
羊毛状发	显性
附　耳	隐性

[※] 是否为常染色体显性遗传仍存争议。

▶ 有多少位遗传学家曾获得过诺贝尔奖？

162位诺贝尔生理学或医学奖获得者中有42位（26%）为遗传学家。该比遗传学与1692年马萨诸塞州的塞勒姆女巫审判案有何关联?

据说早期定居新英格兰的英国殖民者部分患有亨廷顿舞蹈症。亨廷顿舞蹈症是一种迟发型(40～50岁)常染色体显性遗传病;患者将会在行为方式与神经系统方面发生改变。随着疾病的进展,患者还将出现某些精神问题,并最终导致精神错乱。早期也曾使用"失调"以及"圣维达斯舞蹈病"来表示患者无意识肌肉颤抖抽搐的行为。许多被控受审的女巫都患有亨廷顿舞蹈症,该病会使她们不由自主地抽搐并做出许多古怪的行为。

例远高于其他领域。其次为疾病治疗领域,有24位获奖者(占15%)。

线粒体DNA突变会引起哪些遗传病?

线粒体是能量转换的主要场所,线粒体DNA突变会影响细胞能量的直接来源——ATP的合成。能量需求旺盛的组织细胞最能说明线粒体突变的严重性。

表2.14　一些线粒体疾病及其表现型

病　症	表现型
卡恩斯–塞尔综合征(Kearns-Sayre)	身材矮小,视网膜变性
遗传性视神经萎缩(LHON)	中心视野缺失
线粒体脑病伴乳酸血症及卒中样发作(MELAS)	呕吐、癫痫、卒中样发作
肌阵挛性癫痫伴破碎红纤维综合征(MERRF)	能量转换相关酶类的缺失
嗜酸性细胞腺瘤(Oncocytoma)	肾脏良性肿瘤

遗传病的历史证据有哪些?

在3 500年前的刻画埃及第十八朝法老阿肯那顿的古埃及艺术作品中,发现了遗传病的历史证据。阿肯那顿被描绘成一个锥子脸、杏仁眼、嘴唇饱满、手臂和手指细长并拥有广阔胸肌的男人。在一尊早期雕塑中，国王以无生殖器的裸体形象出现。这些形象引起了考古学家们的好奇，并提出了两种可用于解释国王长相怪异的理论。其中一个理论认为阿肯那顿患有弗勒利希综合征或马方综合征。弗勒利希综合征是常见于男性的内分泌失调疾病，内分泌失调影响第二性征发育，这与阿肯那顿的外貌特征相符。然而，除了拥有某些女性特征之外，他至少育有6个儿子且智力正常（弗勒利希综合征的另一特征为智力发育不良）。更为合理的解释是他患有马方综合征，该病患者往往手指细长，骨骼异于常人但智力水平与生育能力正常。此外，有证据表明其家族成员也具有这些外表特征，这表明这些特征与遗传相关。

▶ 智商是由基因控制的吗？

实际上这是两个问题。首先，智商可以被量化吗？其次，智力水平确实与特定的基因型相关吗？两个问题都可以从反面来看。随着智能的定义的发展，越来越难用单一的数字来表达某一智力水平。因此，即使人们对基因组的认识以及对智商的定义都日趋完善，但仍难以证明高智商与哪个基因有关。考虑到环境对表型的重要影响，要找到一个或两个基因来决定智力水平高低几乎是不可能的。智商是一个由多个因素决定的表型特征。

▶ 何谓优生学？

达尔文的表弟弗朗西斯·高尔顿爵士（Sir Francis Galton, 1822—1911）创立了优生学。在阅读了达尔文关于自然选择的著作后，高尔顿认为可以通过人工选择来改进人种——选择性地孕育具有优良遗传特征的后代。该法常用于家畜驯养中。在高尔顿的计划中，鼓励具有优良性状的个体多生育，而禁止具有不良性状的个体生育。然而，高尔顿的理论忽略了两个要点：环境因子对表型的影响以及从基因库中将隐性致病基因消除的难度。隐性基因可通过杂合子的形式遗传给后代从而逃过筛查。高尔顿的观点在美国和欧洲被积极执行。1900—1930年，优生学影响了联邦移民法的颁布，并催生了要求将"基因缺陷"和相关类型罪犯彻底灭绝的国家法律的通过。而在欧洲，优生学则成为纳粹政府的基石之一。

▶ 两个基因相同的人会有相同的疾病表现吗?

我们先介绍一个术语——外显率,它指的是群体中某一给定基因型的个体表现出相应表型的概率。外显率为100%,表示该基因型的个体全部表现为相应的表型;外显率为50%,表示该基因型的个体只有50%的概率表现为相应的表型。肌强直性营养不良是一种常染色体显性遗传疾病,该病在家族中的外显率偏低;换言之,家族中只有少部分成员发病。

▶ 为何人类肤色差异如此之大?

研究表明至少有3~4对等位基因相互作用控制人类的肤色。4对基因将产生4×4×4×4(256)种基因型,这足以解释为何人类肤色差异如此之大。

生物技术与基因工程

简介及历史背景

▶ 何谓生物技术?

生物技术即利用生命体来生产一些特定产物的技术。它包含为了工业目的而操控有机体的任何技术手段。从广义上说,生物技术包含了化学、医药学、环境科学以及工程、农业等领域的技术。

▶ 为DNA测序做出贡献并两次获得诺贝尔奖的是谁?

弗雷德里克·桑格(Frederick Sanger, 1918—2013)因对蛋白质结构(特别是胰岛素)的研究获得1958年的诺贝尔化学奖,并因其在DNA测序中的贡献与沃特·吉尔伯特(Walter Gilbert, 1932—)共享1980年的诺贝尔化学奖。该方法后来被称为桑格测序法。

▶ TIGR是什么组织?

TIGR是基因组研究所(The Institute for Genomic Research)的简称。这是克雷格·文特尔(Craig Venter, 1948—)于1992年成立的非营利性私人研究机构,其总部位于马里兰州的罗克维尔市。该研究所专注于基因组和基因产物的结构、功能和比较分析。

▶ **"生物技术"一词是什么时候开始使用的?**

> 匈牙利农业经济学家卡尔·艾瑞克（Karl Ereky, 1878—1952）于1919年用该词表示在生物体的辅助下用原材料生产产品。当时艾瑞克用这个词特指以甜菜为主食的猪的大规模养殖。

TIGR与世界各地的研究机构均有合作。例如，它与位于肯尼亚首都内罗毕的国际畜产研究中心（International Livestock Research Institute）合作，致力于研究引起东海岸热病的寄生虫基因组。该病引起撒哈拉以南非洲地区牛群的死亡。

▶ **二十世纪生物技术的主要成果有哪些?**

表3.1　二十世纪生物技术的主要成果

时 间	事 件
1968	斯坦利·科恩（1922—2020）借助质粒使细菌细胞获得抗生素耐药性
1970	赫伯·玻伊尔（Herb Boyer, 1936—　）发现某些细菌可产生某种酶［限制性内切酶（ECORI）］以"抵制"噬菌体侵染：分离得到限制性内切酶
1972	保罗·伯格（1926—　）将猴病毒SV40的基因与大肠杆菌的基因拼接成功，得到重组DNA；并与沃特·吉尔伯特和弗雷德里克·桑格一起获得了1980年的诺贝尔奖
1974	斯坦利·科恩、张安妮（Annie Chang）以及赫伯·玻伊尔将青蛙DNA片段重组到大肠杆菌中，这便是第一种重组生物
1975	沃特·吉尔伯特、艾伦·马克萨姆（Allan Maxam, 1952—　）以及弗雷德里克·桑格共同发展出了DNA测序技术
1978	生物技术公司基因泰克（Genentech）在大肠杆菌中克隆人类胰岛素
1986	凯利·穆利斯（Kary Mullis, 1944—2019）发明了聚合酶链式反应（PCR），使得DNA聚合酶可在短时间内多次复制某一DNA片段
1989	人类基因组计划（HGP）开始

时　间	事　件
1990	美国国立卫生研究院（NIH）的科研人员用基因疗法治愈一个患者
1994	转基因食物莎弗番茄被培育出
1996	伊恩·威尔穆特（Ian Wilmut, 1944—　　）克隆羊"多利"
1997	第一条人工染色体诞生
2000	完成人类基因组计划的第一草案（完成90％）
2003	首个转基因宠物荧光鱼在美国上市销售

▶ **首次发现乳腺癌基因的科学家是谁？**

玛丽·克莱尔·金恩（Mary Claire King, 1946—　　）断言5％～10％的乳腺癌是由于17号染色体上 *BRCA*1基因（乳腺癌1号）的突变引起的。*BRCA*1基因是一种抑癌基因，也与卵巢癌相关。随后，其他科学家克隆出了该基因，并确认其在17号染色体上的确切位置。

▶ **首个接受基因治疗的人是谁？**

1990年，一名4岁的严重联合免疫缺陷（SCID）患儿接受了基因治疗，医生将其全部白细胞替换成了具有正常基因的白细胞。SCID是由于患者无法合成一种重要的酶（腺苷酸脱氨酶），而造成免疫系统缺陷并危及生命的疾病。虽然该疗法安全可靠且增强了她的免疫力，但这些移植而来的白细胞无法分裂产生新的健康细胞。因此，她必须长期摄入腺苷酸脱氨酶，以维持正常酶量。

▶ **什么是基因工程？**

基因工程又称分子克隆技术或基因克隆，是一种在试管中实现人工基因重组的技术，可将基因片段连接到病毒、细菌质粒或其他载体上，再导入宿主细胞中以稳定遗传。因其往往通过生化手段产生新型遗传组合，所以这种重组分子的建立也被称为基因重组技术。

基因工程技术包括细胞融合技术和DNA重组技术或基因剪接技术。细胞融合中，在酶的作用下去除精细胞和卵细胞的细胞外膜，随后通过化学方法或病毒法辅助这些脆弱的细胞融合。其结果可能是产生完全不同的新生命体（嵌合体）。DNA重组技术利用质粒（独立于细菌基因组之外的小型环状DNA分子）和各种酶类，如限制性核酸内切酶（剪切DNA链）、反转录酶（从RNA序列反转录合成DNA链）、DNA连接酶（连接DNA片段）以及Taq聚合酶（以单链DNA为模板，在引物存在的情况下合成双链DNA分子）等，将生物体内某特定的基因片段导入另一生物体内。DNA重组技术始于目的基因链的分离和断裂；随后将目的基因片段与已经打开的DNA相连接，拼接到质粒DNA中；最后导入细菌细胞。这些带有目的片段的质粒与宿主细胞混合后形成转化细胞。由于只有一部分的转化细胞具有理想的基因活性或者预期特征，所以转化细胞被分离后将在培养基上单独培养。在生物科技产业，该方法已成功运用于激素（如胰岛素）的产业化生产。虽然动物细胞与植物细胞转化难度较大，但该技术也已经创造出了抗病植株和巨型动物。由于基因工程干扰了遗传过程并可能改变现有物种的基因结构，因此人们对该技术的看法在伦理方面具有一定的分歧，同时也让人们担忧其对人类健康和生态环境的影响。基因工程在一些领域的应用如下：

　　农业：增加农作物产量，赋予作物抗病、抗旱性；细菌喷雾使得作物免受低温伤害；家畜性状优化等。

　　工业：利用细菌将旧报纸、木屑等转化成糖类物质；石油代谢菌以及毒素代谢菌用于石油开采或有毒废液的降解；酵母用于加速酿酒过程等。

　　医疗业：将人类基因加以改造以消除疾病（实验阶段）；低成本大规模生产人类所需的基本药物以满足需求并减轻疾病症状（但不能根治），这些药物包括胰岛素、干扰素（癌症治疗）、维生素、人类生长激素ADA、抗生素、疫苗以及抗体等。

　　科研：基因结构改造应用于医学研究领域，特别是癌症的研究。

　　食品加工：凝乳酶（一种酶类）在奶酪成熟上的应用。

▶ 基因工程的第一次商业化应用是什么？

　　DNA重组技术首次商业化应用是利用细菌生产人类胰岛素。1982年，基因工程生产的胰岛素通过FDA（美国食品药品管理局）认证，可用于糖尿病的治疗。胰岛素由胰腺产生，因此在过去的五十多年里胰岛素的来源只是屠宰场宰

"基因工程"一词首先由丹麦微生物学家A.约斯特（A. Jost, 1916——　）于1941年在波兰技术学院的一场关于酵母中的有性生殖的讲座中提及。

杀的猪、羊等动物的胰腺。为获得可靠的胰岛素来源，科研人员从细胞DNA中富集胰岛素合成基因。获得胰岛素合成基因的DNA复制后将其拼接到一个细菌中。当细菌开始繁殖时，微生物细胞一分为二，获得两个都具有胰岛素合成基因的细胞；这两个细胞再次分裂成四个细胞，如此这般，使得细胞数目呈指数式增长。随着细胞分裂的进行，每个细胞都获得胰岛素合成基因。由于细胞体内含有胰岛素合成"指南"，因此每个细胞都可分泌产生胰岛素。异源胰岛素可能引起某些患者的过敏反应，因此对于患者来说基因工程技术生产得到的胰岛素无疑是既经济又安全的。

方　　法

▶ 何谓载体？

携带目的基因进入宿主细胞的媒介称为载体。典型的天然载体包括质粒和病毒。在人类基因治疗中，病毒载体必须逃过人类免疫系统的防御。只有躲过免疫系统，才可能穿过细胞膜并将外源基因整合到宿主细胞内。植物基因工程与动物基因工程同样需要载体。

▶ 何谓重组DNA分子？

重组DNA分子即来源于两个或以上生物体的杂合DNA分子。例如将人类

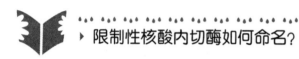

限制性核酸内切酶如何命名？

限制酶采用双名法命名。首字母为属名，紧接着两个字母为种名，最后一个字母表示菌株品系，罗马字母表示该限制酶的发现次序。

如：Hind Ⅲ 表示流感嗜血杆菌品系 d 中发现的第三种限制酶。

DNA整合到细菌DNA分子上，得以在细菌中表达人类基因产物。

▶ 何谓限制性核酸内切酶？

限制性核酸内切酶是一种能在特定位点上裂解DNA的一类酶。细菌分泌限制酶以抵御噬菌体（细菌病毒）侵染。生物技术中，这类酶被广泛用于将DNA分解成小分子片段以供分析或者选择性地切割质粒分子以导入外源基因。

▶ 何谓限制性内切酶片段长度多态性（RFLP）？

限制性内切酶片段长度多态性，指的是限制酶酶切后产生的限制性片段长度具有多态性。用相同的限制酶酶切不同DNA分子，通过比较酶切产物大小以区分DNA分子。相同的DNA分子酶切产物一致；相似的DNA分子产物也大致相同，但某些产物片段大小可能存在差异。这些酶切片段长度差异称为多态性，多运用于各种DNA分型。

▶ 何谓聚合酶链式反应？

聚合酶链式反应简称PCR，是实验室中采用的一种在离体条件下（不使用细胞）快速复制DNA片段的方法。将DNA模板与一种特殊的DNA聚合酶、核苷酸原料以及人工合成的短单链DNA引物共同置于反应管中培养。随着自动化的实现，PCR技术可在短时间内复制出数十亿个特定的DNA分子。每个周期仅耗时五分钟。在一个周期结束的时候，即使是长度在数百个碱基对的DNA片段也会数目翻倍；PCR仪不断重复这种循环。相较于将DNA片段整合到质粒上，在细菌体内实现目的DNA复制的克隆技术而言，PCR技术大大提高了DNA复制的效率。

加州的一家生物技术公司——赛图斯公司（Cetus Corporation）的生化学家凯利·穆利斯（1944— ）于1983年发明了PCR技术。因其在发展PCR技术中的卓越贡献，与迈克尔·史密斯（Michael Smith, 1932—2000）被共同授予1993年的诺贝尔化学奖。

聚合酶链式反应是一种实验室技术，无须使用细胞就能快速放大或复制任何DNA片段

▶ 何谓Taq聚合酶？

Taq聚合酶是从一种水生耐热菌（*Thermus aquaticus*）中分离得到的DNA聚合酶。它可以在热循环仪中持续保持活性达数小时之久。

▶ 热循环仪是什么？

热循环仪是一种用于PCR反应的特殊仪器。它可以根据预置条件来调节DNA复制过程的温度。DNA模板在高温下解链并开始复制。

▶ 何谓DNA扩增?

扩增即运用PCR技术实现一小段DNA的大量复制。克隆技术中,应用扩增技术来检测样品中存在的少量DNA分子或者区别不同的DNA样品(类似于DNA指纹图谱)。

▶ 何谓转化?

细胞或有机体导入外源DNA的过程称为转化。转化常发生于质粒和细菌中。转化后细胞或者有机体可合成外源DNA编码的蛋白质分子。常使外源DNA分子携带抗青霉素基因等标记基因用以检测是否转化成功。携带抗性基因的细胞可在含青霉素的培养基上生长。

▶ 何谓转导?

载体(常用噬菌体)将一个细菌的DNA传递给另一细菌的过程称为转导,常用于细菌基因定位的实验。

▶ 何谓基因库?

基因库是克隆DNA的集合,这些DNA通常来自某一特定生物体。就像图书馆将信息储藏于书本或电子文件中一样,基因文库将来自全基因组或某一染色体或特定基因的遗传信息储存于受体菌中。例如,人们可以构建如囊性纤维化等特殊疾病的基因库,该基因库中包含了大多数与囊性纤维化相关的突变基因或患者个体的全基因组信息。

▶ 如何构建基因库?

科学家们提取特定组织或生物的DNA,并用限制酶酶切之,将得到的片段插入质粒中复制以得到多个拷贝。一个基因组库所需要的克隆数目取决于基因组的大小以及DNA片段的长度。库中的特殊克隆使用DNA探针定位。

⊙ 如何在给定的基因组上找出特定的基因？

从人类基因组中可能的30 000～40 000个基因中定位目的基因的难度较大。若已知目的基因的蛋白质产物将大大降低这项工作的难度。例如，要获得鼠血红蛋白基因，科学家只需从血液中分离得到该蛋白并测定其氨基酸序列，再推导出其核苷酸序列，进而合成一个互补的DNA探针，就能从鼠基因组库中寻找具有相同序列的DNA分子。

若蛋白质产物未知，则较难找出特定基因。例如寻找迟发型阿尔茨海默病的易感基因。DNA样本会从患者家庭成员中收集。用限制酶酶切割DNA样本，比较家族成员之间的限制性片段长度多态性。若该多态性只在疾病基因存在时被发现，则认为这些特异性片段是疾病基因的标志物。遗传学家再对与标志物位点相同的染色体区域进行测序分析，以期发现潜在的致病基因。

⊙ 什么是人工染色体？

所谓人工染色体即可以克隆更大片段外源DNA的新型载体。其两端带有端粒，具着丝点序列以及可以插入外源DNA的特定位点。DNA片段连接成功后，将工程染色体插入酵母细胞染色体中，随酵母染色体复制而被复制。最终使得分裂产生的每个酵母细胞都含有该特定的DNA片段。

⊙ 什么是反义技术？

反义技术是一种通过在RNA水平上靶向特定蛋白质来调控基因表达的技

▸ 常用的人工染色体有哪些？

常用的人工染色体包括YACs（酵母人工染色体）、BACs（细菌人工染色体）以及MACs（哺乳动物人工染色体）。

术。该技术涉及与靶向RNA片段互补的DNA片段。当DNA与RNA结合后，RNA将无法翻译产生蛋白质。反义技术也是肿瘤治疗中的新技术之一。针对小细胞肺癌以及白血病的临床实验正在进行中。既然癌症可用特殊蛋白的过量表达来表征，那么反义技术就可通过干扰翻译该蛋白的RNA来起到治疗作用。

▶ 何谓基因探针？

所谓基因探针即与目的基因互补的一种特定的DNA单链片段。例如，若目的基因含有序列AATGGCACA，则探针上含有TTACCGTGT的互补序列。当添加到适当的溶液中时，探针将与目的基因匹配并结合。通常可以通过放射性同位素或者荧光基团来定位探针，这样便于观察和识别它。

▶ 何谓基因枪？

基因枪法是由康乃尔大学的植物学家发明的，是植物生物技术中的一种直接基因转化的方法。为了将基因导入植物细胞中，将带有目的片段的DNA分子吸附在金或者钨微球（直径约1微米）表面，再将微球加速打入靶细胞（培养皿中），进入靶细胞后，微球表面的DNA分子释放并整合到植物基因组中。该法也称为微弹轰击法或者生物弹道技术。靶细胞的存活率与微球渗透程度有关。例如当渗透率达到21微弹每细胞时，80%被轰击的细胞无法都存活。

▶ 什么是生物勘探？

生物勘探指在世界上勘察是否可能存在新的植物或微生物菌株，特别是从最大的热带雨林以及珊瑚礁中寻找，并将这些生物用于开发新的植物药。这些资源的持有权存在一定的争议性：是属于资源所在的国家，还是属于将其开发成具有价值的产品的国家呢？

▶ 什么是生物反应器？

生物反应器是供生物反应或转化反应进行的巨大容器。生物反应器被应用于生产大量的哺乳动物细胞或微生物发酵等生物工艺上。

表3.2　生物反应器产品示例

产　品	生　物　体
单细胞蛋白质	产朊假丝酵母（酵母）
盘尼西林（抗生素）	产黄青霉菌（真菌）
α 淀粉酶（酶）	解淀粉芽孢杆菌（细菌）
核黄素（维生素）	阿舒假囊酵母（细菌）
脊髓灰质炎疫苗	猴肾脏或人体细胞
胰岛素（激素）	重组大肠杆菌（细菌）

▶ 什么是嵌合体?

希腊神话中的嵌合体（亦有虚构的怪物之意）是一种狮头羊身蛇尾的吐火怪；生物技术中的嵌合体指的是由不同种类或品种的生物组成的生命体，即不同早期胚胎细胞的融合体。常用的嵌合体多是由不同来源的鼠细胞融合而成的。嵌合体无法繁殖。

▶ 什么是细胞培养?

细胞培养指培养（离体培养）多细胞生物的细胞或组织的技术。该技术对于生物技术来说至关重要，因为多数科学研究都是基于成功培养出离体细胞。细胞生长要求一定的培养条件（如pH、温度、营养和生长因子等）。可将细胞置于不同的条件下培养，从简单如皮氏培养皿到大规模的摇床培养等。摇床培养时锥形瓶随摇床缓慢转动，使得培养基与细胞充分接触。

▶ 什么是终止子技术?

这是一种使具有某些特定性状（如抗旱性）的转基因作物含有致死基因，从而使得其种子无法存活的生物技术。当喷洒同一公司出售的某种试剂时，该致

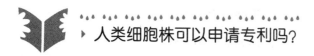
1995年，来自巴布亚新几内亚的哈加海（Hagahai）人的细胞申请了专利，其专利号为5397696。美国国立卫生研究院拥有该细胞的专利权，而外国公民则无拥有该基因材料的权利。当时仅有260名哈加海人存活于世，而他们从1984年起才开始与外界进行联系，因此公众反对该专利的呼声十分强烈。同时，当地信仰与西方科学界的本质差别之一，在于原住民认为生命是神圣的，取走身体的任意部分——即使是血样——也将影响其个人能力及其下一阶段的生活。1996年，美国国立卫生研究院放弃了该专利所有权。

死基因将被激活；因而，作物仍可生产具有营养价值的果实，但不育。该技术使得生物公司可以控制作物基因，使其不向其他作物种群传播。每个季节种植的种子都必须向公司购买。

▶ 什么是基因微阵列？

基因微阵列指将PCR扩增得到的DNA片段固定于玻片、硅片上的技术。然后用荧光染料标记的mRNA分子或互补DNA分子与样品进行杂交。交联后，将发出特定的荧光。例如，若带有红色荧光标记的样品与带有绿色荧光标记的两个样品，同时与微阵列上同样的DNA序列杂交成功，则显示黄色荧光。基因表达水平则可通过荧光强度进行表征。

▶ 什么是基因芯片？

基因芯片是微阵列分析的一部分，也称为生物芯片或DNA芯片。在一张邮票大小的玻璃晶片上分布着400 000个小室。每个小室都可以保存人类的不同DNA，并在数秒内发生成千上万次生物反应。医药公司可以用这些基因芯片来发现哪些基因参与了疾病发生进程。基因芯片技术也可用于单核苷酸多态性（SNPs）分析，约每500～1 000个碱基对中就可发现一个SNP，这是碱基对差异。人类基因组中有超过300万个SNP序列。这些SNP序列几乎涵盖了98%的DNA多态性，在DNA分型中至关重要。

▶ 什么是DNA序列分析？

DNA序列分析是基因组学的一个分支，即为结构基因组学的一部分。DNA序列分析可以对DNA分子的碱基（腺嘌呤、胸腺嘧啶、鸟嘌呤和胞嘧啶）组成进行完整的解析。所有的序列分析方法都基于以下相似技术：限制性核酸外切酶酶切DNA片段、DNA片段复制以及序列拼接。

▶ 什么是桑格技术？

桑格技术由弗雷德里克·桑格在20世纪70年代发明，亦称鸟枪法测序，是一种常用的DNA测序方法。该方法的基本原理是用双脱氧核糖核苷酸代替DNA分子中的脱氧核糖核苷酸。双脱氧核糖核苷酸是一类缺失链延伸所需要的羟基的核苷酸分子。若该羟基缺失，则链延伸反应终止。该过程可以人为控制或自动化。自动化过程中，一个短DNA引物被合成，它与待测模板DNA互补，并电泳分离扩增片段。使用不同的荧光标签标记个同的双脱氧核糖核苷酸（腺嘌呤、胸腺嘧啶、鸟嘌呤和胞嘧啶），利用这些原料进行复制。杂交反应发生后，链延伸终止；同时产生大量带有荧光标记的条带，然后用激光技术"解读"；最终给出碱基序列信息。

▶ 什么是ELISA反应？

ELISA反应是酶联免疫吸附测定法的简称。该法用于检测个体是否对某种病原体产生抗体。反应中，将灭活的抗原（如病原体）涂上板。除了患者血清中的抗体外，还有第二种酶标抗体。若患者的抗体同时与抗原和第二种抗体结合，就会发生颜色改变。

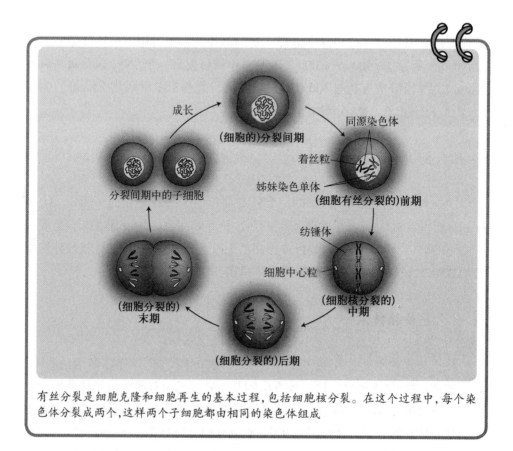

有丝分裂是细胞克隆和细胞再生的基本过程，包括细胞核分裂。在这个过程中，每个染色体分裂成两个，这样两个子细胞都由相同的染色体组成

▶ 什么是绿色荧光蛋白？

绿色荧光蛋白发现于生活在北太平洋寒冷水域中荧光水母（*Aquorea victoria*）的体内。生物荧光指生命体发光现象。这些水母体内含有两种蛋白质：一种荧光蛋白称为水母素（aequorin），发蓝光；另一种为辅助绿色荧光蛋白（GFP）。然而，当水母发出荧光时，水母素发出的蓝光会马上消失变成绿色荧光——这是由GFP促进的代谢反应。由于GFP是一种简单的蛋白质，所以常用作基因转移和蛋白定位的标记物。有多种绿色荧光蛋白可以发出不同的荧光。

▶ 什么是基因敲除小鼠？

基因敲除小鼠指特定基因突变（"敲除"）的小鼠，因而可以作为动物模型研究该基因产物作用的小鼠。医药产业常用基因敲除小鼠,检测作为治疗靶点的特定人类酶的潜力。小鼠具有与人类相同或者几乎完全相同的基因副本,因此可作为人类研究的动物模型。

▶ 什么是FISH技术?

荧光原位杂交(FISH)是将克隆基因用荧光染色以在染色体上标记出位置的技术。FISH技术过程中,细胞处于骤裂并将染色体释放到细胞表面的有丝分裂中期阶段。将DNA探针置于载玻片上,这些DNA荧光探针只对特定目标片段感兴趣,培养足够长的时间以发生杂交;然后在紫外光下用荧光显微镜观察玻片;染色体的杂交区域发出荧光信号。这是一种可以指示基因或者克隆位点在染色体上的具体位置的核型分析方法。

▶ 什么是流式细胞术?

流式细胞术是一种令人振奋的新的生物技术,它允许单细胞或亚细胞结构流过光源,并在可见光或荧光下进行各种参数测定。该方法可根据发射荧光信

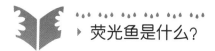

▸ 荧光鱼是什么?

被称为荧光鱼的红色荧光斑马鱼(*Danio rerio*)是通过生物工程生产出来的,它带有海葵和珊瑚的红色荧光蛋白的基因。新加坡国立大学繁殖这种鱼的最初目的是用于检测水污染,然而如今它们多被用于满足喜好五颜六色水生物的水族馆业主的需求。科学家们还在研究开发暴露在雌激素或者重金属浓度过高的海域中会发出特定荧光的斑马鱼。在美国,转基因生物由FDA管辖,FDA主张转基因生物不能对当地鱼群产生危害;荧光鱼仅作为热带观赏鱼用。关于荧光鱼的争议还包括:是否该将转基因技术应用于观赏鱼的生产等无甚意义的小事,观赏鱼(如荧光鱼)还可能被当作食用鱼,监管不严可能导致其大量繁殖,等等。荧光鱼并非为人类私欲而生。

号的不同将细胞分群。流式细胞术可用于肿瘤细胞以及B细胞、T细胞等免疫细胞的分型。

▶ 什么是高通量筛选？

高通量筛选是一种大规模的基因组自动搜索技术，用于研究细胞（或更大型的生物系统）的基因组如何通过其遗传信息来合成特定产物甚至整个生物体。

▶ 什么是PAGE？

聚丙烯酰胺凝胶电泳（PAGE）是一种在电泳室的凝胶床上用聚丙烯酰胺（丙烯酰胺的聚合物）代替琼脂糖形成凝胶的分离方法。相较于琼脂糖，聚丙烯酰胺可以形成更细小的孔径，以分离相对分子质量更小的小分子化合物。PAGE可用于DNA测序、DNA指纹图谱以及蛋白质分离等领域。

▶ 什么是转座子？

顾名思义，转座子就是可以在染色体间跳跃的核苷酸序列。由于转座子的随机插入可能破坏关键基因的功能区，因此转座子可能产生一定伤害。然而，大部分生物体内都发现了转座子，它们的存在也暗示着基因组上的遗传信息并不是一成不变的。人类基因组计划研究表明，约有45%的人类基因是在转座子的作用下产生的。

▶ 什么是VNTR？

VNTR指可变数目串联重复序列，这是一种包含首尾相连的短DNA序列的分子标记。当重复序列长度为2～4个碱基对时，称为短串联重复序列（STR）；当重复序列长度为2～30个碱基对时，称为可变串联重复序列（VNTR）。如GGATGGATGGATGGATGGAT，这是碱基GGAT序列的四个串联重复序列。此外，VNTR属于高可变区，基因座（基因在染色体上的物理位置）上可能存在多个等位基因（基因多态性）。亚历克·杰弗里斯（Alec Jeffreys, 1950—　）及其同事在DNA指纹图谱实验中首次发现可变串联重复序列。

▶ DNA指纹的生物基础是什么?

DNA指纹,又称DNA分型、DNA图谱,以个体间独特的遗传差异为基础。大部分人的DNA序列是相同的;但在100个碱基对(DNA)中,两人一般会相差一个碱基对。人类基因组中有30亿个碱基对,一个人的DNA与另一个的DNA之间的差异碱基对数目达300万个。要检验个体的DNA指纹,可用限制性核酸内切酶切分,再将片段通过凝胶电泳分离。分离后的片段转移到尼龙膜,在含有放射性标记的DNA探针的溶液中共同孵育,这种探针与特定的多态序列互补。

▶ 什么方法可用于DNA分型?

RFLP(限制性片段长度多态性)和PCR(聚合酶链式反应)技术可用于DNA分型。上述两个方法是否成功都取决于DNA多态性,这种多态性可用来区分两个不同的DNA样本。RFLP针对高度可变区域使用标记,因此两无关个体的DNA指纹图谱不可能是相同的,但该法需要至少20纳克纯化后的完整DNA。基于PCR的DNA指纹图谱是一种快捷经济的分型方法,它只需要很少量的DNA(相当于50个白细胞的量)。

▶ DNA指纹技术是什么时候发展起来的?

遗传学家亚历克·杰弗里斯爵士于20世纪80年代初在研究人类遗传变异时发明了DNA指纹图谱技术。他是最早描述DNA微小差异的科学家之一,该差异被称为单核苷酸多态性(SNP)。从SNP出发,他开始研究DNA短链多次重复的串联重复序列。

▶ 哪些样品可用于DNA分型?

任何体液或组织中的DNA都可用于检测DNA指纹图谱,包括毛囊、皮肤、骨、耳垢、尿液、粪便、血液或精液等。在刑事案件中,DNA证据也可从头皮屑、烟头、口香糖或信封上的唾液,甚至眼镜片上的表皮细胞中取得。

▶ 美国历史上最大规模的法医DNA调查是哪一次?

2001年9月11日纽约市恐怖袭击遇难者遗体鉴定,是迄今为止规模最大、难度最高的DNA鉴定。将160万吨碎片从遇袭的世贸中心现场移除后,只发现了239具完整的尸体以及20 000件人体残骸。为了将尸体和DNA档案进行比对,从受害者的家里收集了剃刀、梳子、牙刷等个人物品,甚至收集了受害者的家庭成员的面部皮屑来进行比对。

▶ DNA指纹的精确性如何?

DNA指纹图谱的精确性取决于使用的VNTR或STR基因座数量。目前,美国联邦调查局使用十三个STR基因座进行分析,这个基因座的期望频数小于百亿分之一。随着分析基因座数量的增加,随机匹配率也将降低。

▶ 哪些因素可能会影响DNA指纹图谱的解释?

排除程序上的错误(如样品污染或样品制备不当),兄弟姐妹间的等位基因位

▶ DNA指纹技术在犯罪调查中的首次应用是什么?

1986年,英国首先将该技术应用于犯罪调查中。1983年至1986年间,英国莱斯特郡附近的一个村庄中两名少女被谋杀;两个犯罪现场仅留下一些精液可以作为线索。警方捕获了一名犯罪嫌疑人并要求科学家帮忙鉴定其DNA是否与犯罪现场留下的精液吻合。通过VNTR分析,科学家发现两个犯罪现场精液的DNA相互吻合,但并非疑犯留下的。警方释放了嫌疑人并收集了村庄上成年男子的血样。一个面包房的工人买通了同事为他提供样本,但警方最终将其抓获并采集了血样;鉴定发现其DNA与杀人犯留在犯罪现场的DNA吻合,后来这名工人承认了谋杀。

于相同的基因座上,因此其DNA指纹无法区别。同卵双胞胎具有相同的DNA图谱,人口中的同卵双胞胎的频率是每250个新生儿中就有一个。用于DNA分型的概率计算基于大种群。因此,若样本库太小或有近亲繁殖,需对计算方法加以调整。

DNA指纹图谱的应用有哪些?

DNA指纹图谱的应用范围非常广,例如:在社会生活中,可用于亲子鉴定、法医犯罪分析、灾难中受害者的身份鉴定;在生物学领域,可用于群体遗传学中群体或种族内部的基因多样性分析,保护生物学中濒危物种的遗传变异研究,进化生物学中化石与现有物种的DNA差异比较;在食品科学中,可用于食品中特定病原体的检测、在食品中检测转基因生物。

▶ 根据DNA分析法,一个无罪的人会被判有罪吗?

当前的DNA分析方法是非常灵敏的,DNA检测只需要提取少量的细胞。可是在犯罪现场有可能会发现一个无辜者的DNA,也许是通过意外取证或通过

▶ DNA分型如何解开一个18世纪的法国之谜?

自从1795年一个10岁小男孩死于法国一座监狱塔中开始,历史学家就一直怀疑,这个男孩究竟是不是法国皇太子,是不是在法国大革命中被处决的法王路易十六和王后玛丽·安托瓦内特唯一幸存于世的儿子。他们认为这个男孩很可能是那真正继承人的替身。男孩死后,他的心脏被保存下来。1999年12月,从这个心脏组织中提取出两个组织样本。样本里的DNA指纹图谱与原有的皇太子头发中提取的DNA相匹配,原有的皇太子头发是玛丽·安托瓦内特王后所保存,并由她的两个姐妹们传给她们的后代。DNA鉴定证实了那男孩确实是法国皇太子,死在监狱塔里的确实是路易十七。

第三方直接取证。此外,从犯罪现场发现的DNA图谱会与已存在于DNA数据库中的无辜者的DNA相匹配。此外,犯罪嫌疑人的近亲也可能会符合部分的DNA图谱。

应　　用

▶ 什么是基因治疗?

基因治疗包括用正常的基因替换异常的致病基因。正常基因通过载体传递给靶细胞,载体通常指经过基因工程处理过携带人类DNA的病毒。病毒基因组经过改变移除致病基因,插入治疗基因。靶细胞感染上病毒。然后病毒使它承载着含有人类基因的转基因物质与靶细胞合为一体,这样它就可以生产一种功能性蛋白质产物。

▶ 使用基因治疗历经了多少挫折呢?

20世纪90年代时,超过4 000个患者参与基因治疗试验。不幸的是,这些试验多数都失败了,而且进一步失利发生在1999年,一位18岁的患者因接受基因治疗而去世。该患者患有鸟氨酸氨甲酰基酶缺乏症——一种稀有的代谢病,肝脏会产生有毒性的氨。由于他对传递治疗基因的病毒载体产生了严重免疫反应,最终死于并发症。

▶ 在人类基因治疗中常使用哪些病毒作为载体?

表3.3　常在人类基因治疗中作为载体使用的病毒

病毒种类	RNA或DNA	范　　例	靶细胞
逆转录病毒	RNA	艾滋病毒	任一细胞
腺病毒	双链DNA	常见呼吸道、肠道和眼部感染病毒	肺

（续表）

病毒种类	RNA或DNA	范　例	靶细胞
腺体相关病毒	单链DNA	能在特定的19号染色体位点插入遗传物质	多种细胞
单纯性疱疹	双链DNA	神经细胞感染；导致疱疹发作	神经细胞

▶ 如何利用基因发现单基因遗传病？

基因测试可以用来给特定遗传条件判定风险。运用DNA重组技术，超过200种单基因病可以在个体的胎儿期被诊断出来。某些遗传病的症状在生命后期才会出现，这样儿童与成人能够在出现症状前检测出遗传病。如果能知道致病基因的位置，基因标记能够用来判定哪个家庭成员有患病风险。例如，多囊性肾病是一种成年后发病的遗传性疾病，它的发病期是35～50岁，疾病产生的囊肿最后将破坏肾脏。这种情况下的先验知识能够让病患和医生密切监控肾脏的任何变化。

▶ 如何利用基因发现多基因遗传病？

当检测多位点突变——多基因遗传病（如某些癌症）时，DNA芯片和微阵技术能够作为诊断工具。如今DNA芯片技术用来在$p53$基因中甄别突变。将近60％的癌症与$p53$基因突变有关。最终这些方法将会用来共同生成一个与已知基因遗传病相关的所有突变的个体基因档案。

▶ 如何利用生物技术制造疫苗？

采用传统方法制造疫苗是有风险的，因为疫苗必须在活的有机体中制造，而且那些疾病都是极具危险性和传染性的。利用基因工程，可以分离出抗体生产的特定病原体蛋白质，并将其单独地插入细菌或真菌载体。接下来，通过生物体培养可以生出大量的蛋白质。

▶ 什么是异种器官移植？

异种器官移植是指组织或器官从一个物种移植到另一物种。这项技术的发

在美国什么遗传病是新生儿筛检技术的常规焦点?

全美所有州的新生儿筛检中都会检查是否患有苯丙酮尿症这一代谢性遗传病。许多州的新生儿筛检拥有更多项目,包括镰状细胞病和高胱胺酸尿症。

展导致了专门动物的繁殖,特别是那些作为人类器官供体使用的动物。因为人类排斥作为异物的非人类器官,所以转基因动物(例如猪)都是用人类DNA进行基因改造,以抑制最终的排斥反应。

▶ 转基因动物器官移植具有哪些风险?

异种器官移植主要风险之一是移植细胞或器官时,会连带着感染动物的病毒。因为已被免疫抑制,所以患者有可能会死于病毒感染,或者病毒可能扩散到普通人群中。

▶ 什么是细胞疗法?

细胞疗法包括生物体配子(卵子或精子)内的基因改变。配子基因的改变把这种基因传递到下一代细胞中,最终后代的所有成员都将会受到影响。

▶ 什么是药物基因组学?

药物基因组学指使用DNA技术研发新药以及优化目前的对个体患者的药物治疗。例如研究某种药物与特定蛋白质之间的相互作用,然后与基因突变的已经使蛋白质失活的细胞进行对比。它的潜能是根据个体的基因组定制药物治疗,这能够减少药物不良反应,提高药物治疗的功效。

▶ 人类常用的异种器官移植的例子有哪些？

对人进行异种器官移植并不是新技术，它始于1971年，将猪的惰性心脏瓣膜用于人类心脏瓣膜置换手术。目前人类正在开发从猪身上得到人类骨骼和皮肤组织的技术。利用胎猪细胞治疗帕金森病、卒中、癫痫、亨廷顿病和脊髓损伤等疾病的测试已在进行。

▶ 生物技术如何帮助沙利度胺再次流行起来？

沙利度胺是在20世纪50年代研制出来的。它能有效防治孕妇晨吐症状。不幸的是，如果在孕期前三个月使用，沙利度胺会导致严重的肢体畸形，因为它干扰了胎儿的正常发育过程。最近人们发现这种药物也能够干扰艾滋病毒在人体细胞中的复制。沙利度胺也能防止艾滋病导致的减重。沙利度胺实际上有两个镜像形式（手性），只有其中一个会导致先天畸形。研究员希望通过生物技术能够区分形态，让沙利度胺再次回归到他们的抗病化学品库中。

▶ 什么是生物制药？

生物制药是一项比较新的技术，通过这项技术，可以利用转基因植物来"种植"药物。在这项技术中，生物工程师将医学上重要的蛋白质植入玉米植株，从而促进玉米植株产生大量的特定的药用蛋白质。其成本比使用微生物发酵室成本要低廉一些。

▶ 什么是基因专利？

基因专利是针对特定生物的特定DNA序列颁发的专利。相关公司常常会获取医学和农业方面重要的基因专利。

▶ 什么是生物修复？

生物修复即利用生物去除环境中的有毒物质。细菌、原生生物和真菌都善于将复杂的分子降解成废物，这些废物通常都是安全且可回收的。污水处理厂能在有限的范围内进行生物修复。生物修复的一个例子是1989年在阿拉斯加大规模清理"埃克森·瓦尔迪兹"号漏油。浅层的泄漏石油被吸抽和过滤除去，而油浸的沙滩由那些以石油作为能量来源的细菌来进行清理。

▶ 可以从木乃伊上提取DNA吗?

是的，可以（已经可以）从木乃伊提取DNA。可是提取古代人DNA的难点在于现代人DNA的沾污。为了减少沾污，研究员们通常试着从木乃伊的牙齿和骨骼中获取DNA。古代人DNA用于研究埃及法老的家谱。

▶ 什么是转基因生物?

转基因生物是基因改造生物，利用DNA重组这一新技术创造而成。可是这一术语具有误导性，因为几乎所有的驯养动物和植物都已经被几千年来的人类选择和杂交育种所改造。由于对产品的安全和对转基因食品代表的一种"生物污染"的担忧，转基因生物受到人们的极大关注。自从1998年转基因生物在欧洲被禁之后，这场论战在欧洲就愈演愈烈了。

 ▶ 可以举一个通过药物基因组学发展起来的药物的例子吗?

格列卫（美国食品及药物管理局在2001年就已经批准使用）是为一种罕见的由基因引起的慢性髓细胞样白血病而研制的药物。这种白血病，是两条不同染色体的碎片断裂再重新接上相反的染色体而导致的染色体易位。这种异常会导致血液细胞酶的基因不断地制造这种酶，导致骨髓和血液中存在高水平的白细胞。格列卫是专门为抑制这种易位突变产生的酶而制造的，它能阻止白细胞的快速增长。

▶ 在美国,转基因生物由哪些部门监管?

在美国,转基因生物由食品及药物管理局(FDA)、环境保护局(EPA)和美国农业部(USDA)等部门监管。

▶ 转基因植物的例子有哪些?

转基因植物包括抗除草剂的转基因作物。这些转基因作物带有抗除草剂基因,因此在除草剂的作用下可除去某一领域内除转基因作物外的所有植物。美国已开始种植转基因的大豆、玉米、棉花、油菜、木瓜、水稻及西红柿等。此外,还开发出了转基因抗虫作物。

▶ 转基因作物的应用程度如何?

2002年,转基因作物的种植面积达4 000万公顷(约40万平方千米)。这些转基因作物主要种植在美国、阿根廷、加拿大等国家。

▶ 什么是转基因延熟番茄?

转基因延熟番茄的诞生,源自消费者对商场里的番茄不是太熟就是太青的抱怨。种植者发现他们可以用乙烯使尚未成熟的番茄表皮变成红色,但番茄本身却还是青涩的。20世纪80年代后期,卡尔金公司(Calgene,一家小型生物公司)的研究人员发现,多聚半乳糖醛酸酶(PG)控制着番茄的腐败。科学家们转录了PG的DNA序列,使得番茄果肉能在保持表皮足够坚硬以满足机械采收的情况下成熟。然而在延熟番茄上市前,卡尔金公司便向大众公开了转基因番茄的来源,这引起了世界范围内的反转基因生物(GMO)运动。

▶ 什么是黄金大米?

2000年,科学家们结合两种水仙花基因以及一种细菌基因重组出了含有 β-胡萝卜素的水稻品种。该项目的意义在于,β-胡萝卜素在人体内可转化为

 黄金大米是否已投入使用?

2004年的反转基因作物运动阻止了黄金大米的全球化传播。将黄金大米在粮食种植国家推广可能还需要5到10年的时间。

维生素A——世界上大部分贫穷国家的人口饮食中所缺乏的一种主要维生素。维生素A的缺乏使免疫系统减弱,每年引起约100万亚洲贫困儿童的死亡;维生素A的缺乏还可以引发失明。这种大米之所以称为"黄金大米",是因为它像水仙花一样呈黄色。

▶ 什么是星联玉米?

星联玉米是一种含有苏云金杆菌[*Bacillus thuringiensis*(Bt)]细菌基因的转基因玉米,该基因产物(内毒素)可杀死某些害虫。1961年以来,美国就将Bt内毒素作为生物杀虫剂使用,农民用其控制虫害;这种内毒素只在易感昆虫肠道内发挥作用。由于欧洲玉米螟引起玉米产量的大幅度下降,因此科学家选择玉米植株本身作为Bt基因的受体。

 还有什么作物含有Bt基因?

Bt棉是除转基因玉米外的又一种基因Bt作物。棉花易感害虫,因此通常在种植过程中需要喷洒大量的杀虫剂。Bt抗虫棉一方面减少了杀虫剂的使用量,另一方面也减少了这类化合物在环境中的残留量。

▶ 围绕Bt玉米和帝王蝶发生了什么争议？

2003年，玉米螟导致的农业损失达十亿美元。针对玉米螟开发出了转基因Bt玉米。1999年公开的一动物实验结果表明，Bt转基因玉米的花粉可杀死帝王蝶。该研究中，分别给三日龄的帝王蝶幼虫喂食撒有Bt转基因玉米花粉的马利筋草叶、不添加花粉的马利筋草叶以及加有非Bt转基因玉米花粉的乳草叶。结果表明，第一种情况，幼虫吃得更少、长得更慢。但科研团队并未公开Bt转基因玉米花粉的消耗数量，因而其对帝王蝶的致死率无从知晓。同样，对更年长、更大的帝王蝶幼虫的影响也未公开；显然这些帝王蝶幼虫有更高的Bt耐毒性。诸如"死亡玉米来袭""自然界的危机"等新闻头条引发了部分欧盟成员国对Bt转基因玉米进入欧盟市场的抵制运动。与此同时，因Bt蛋白仅对部分给定的昆虫有选择性地具有毒性，因此自1938年起其他研究人员视其为一种生防因子。后续展开了Bt转基因玉米花粉是否会出现在帝王蝶生长的玉米地附近乳草植物中等方面拓展研究，并制定了一定措施避免Bt转基因玉米花粉的传播：1）帝王蝶活动区农户需种植低Bt毒性的转基因玉米；2）在Bt转基因玉米和马利筋草之间种植非转基因玉米过渡带，以减少Bt基因向马利筋草传播的可能性；3）在远离玉米地的地方种植马利筋草以保证雌性帝王蝶的非转基因食物来源。

▶ 什么是转基因食品？

"转基因食品"（Frankenfood）一词由环保与健康活动团体创造出来，用于表示转基因技术改造（GM）过的食品或者包含转基因生物（GMO）的食品。反对转基因食品的初衷，是担忧长期暴露于转基因植物的花粉环境中，可能会对"天然"植物基因库产生一定的永久性影响。此外也有对人和动物食用转基因食物可能引起的过敏反应和其他健康问题的担忧。

▶ 电影《侏罗纪公园》中的场景有可能发生吗？

在这部关于恐龙再生的小说（后来被拍成电影）中，科学家通过恐龙DNA（从形成琥珀化石的昆虫体内提取得到）使恐龙再生。该方法存在诸多漏洞。其中之一便是史前蚊子更可能已将恐龙血消化，使得恐龙DNA不可用于再生。此

使恐龙再生最理想的方法可能是改造鸟类DNA分子,从遗传学角度来看,鸟类是恐龙的近亲

外,使恐龙再生需要完整的基因组(而非已被两栖动物扩增过的DNA分子)。使恐龙再生最理想的方法可能是改造鸟类DNA分子,因为从遗传学角度来看,鸟类是恐龙的近亲。

▶ **什么是生物保鲜?**

生物保鲜即通过生物材料保存食品或提高食品安全性。生物保鲜剂如乳酸链球菌素,这是一种可作为广谱抗生素使用的细菌蛋白。但乳酸链球菌素无法通过化学方法合成,因此其分泌菌株乳杆菌(*Lactobacillus*)用于生产乳酸链球菌素。

▶ **什么是生物杀虫剂?**

生物杀虫剂指从生物体内提取得到的可干扰其他物种代谢的化学物质。如苏云金杆菌分泌的Bt内毒素,它可有选择性地干扰昆虫对食物的消化吸收,但对哺乳动物没有影响。

▶ **什么是生物传感器?**

生物传感器包括生物活性物质(如微生物、细胞、酶、抗体等)和与之相连的检测器。生物传感器可用于检测浓度极低的特性分子。如市售的胰岛素泵,它可帮助糖尿病患者维持血糖水平稳定。

▶ **基因工程在动物或微生物中的应用有哪些范例?**

最早的转基因技术应用是一种由牛垂体自然分泌的生长激素(牛生长激素)。牛生长激素可增加奶牛的产奶量。科学家们通过生物技术手段对牛生长激素基因进行改造并将其导入大肠杆菌细胞,在发酵室培养细菌生产出大量的牛生长激素。转基因牛生长激素使得全国牛奶产量增加了20%。通过使用该激素,奶农可控制其奶牛产奶量,避免了产量的浮动。同样,给猪注射类似的生长激素(猪生长激素)可使其减少背膘,同时增加产肉量。2001年便可在美国食品市场上买到转基因鲑鱼,这是第一种大范围食用的转基因动物。当然在此之前进行了大量的消费者评估以及严格的环境测评。这种鲑鱼从鱼卵生长到市售大小(3~4千克)仅需18个月;而传统养殖的鲑鱼则需36个月。转基因鲑鱼的应用减少了野生鲑鱼过度捕捞现象。

▶ **什么是生物恐怖主义?**

使用生物物质或者生物毒素对人类造成伤害的行为,称为生物恐怖主义。生物技术可用于生产诸如炭疽菌孢子等生物武器,但生物技术也可用于对生物武器的检测。例如一种新的更快的PCR方法,称为连续流动式PCR,仅需一个生物芯片和几纳升的DNA即可检测到生物武器。

▶ **何谓蛋白质组学?**

蛋白质组学即研究基因组编码的蛋白质的学科。这一领域的研究比定位基因在染色体上的位置更为复杂,它延伸了人类基因组计划。蛋白质是随细胞需求而改变的动态生物分子,要全面解析细胞代谢信息,需要同时了解其所有的蛋白质组成和编码这些蛋白质的基因信息。

▶ 什么是核苷酸类似物?

所谓核苷酸类似物即与组成DNA的核苷酸组分相似的物质。它们可作为抗病毒化合物使用。掺入核苷酸类似物后,病毒基因组将停止复制,从而使感染过程中断。齐多夫定(AZT)就是这样一种药物,通过用叠氮胸苷取代胸苷妨碍HIV病毒复制基因组的能力,从而阻止HIV病毒基因组的复制。

▶ 何谓组织工程?

组织工程技术可创建半合成组织,用于更换或者辅助有功能缺陷或受伤的身体部位。该技术是一个广泛的领域,其中包括细胞生物学、生物材料工程、微观工程、机器人技术以及生物反应器(组织生长和培育的所在)等。组织工程可通过设计模仿自然组织功能的替代物来改进现有医疗技术。商业化生产的皮肤,已用于烧伤患者和糖尿病溃疡患者的治疗。

▶ 什么是无罪计划?

无罪计划是纽约本杰明·卡多佐(Benjamin Cardozo)法学院发起的一项公共法律援助项目。该项目旨在利用生物技术,如寻求DNA证据等,来帮助被错判的人找回清白。

▶ 电影《千钧一发》讲述了什么故事?

1997年的电影《千钧一发》是第一部关于个人基因的"完美程度"决定其社会地位这一题材的电影。电影探讨了基因歧视,并前瞻性地探讨了使用遗传信息作为身份识别这一生物伦理问题。

▶ 什么是仿生材料?

仿生材料是一类具备生物分子功能的化学材料。例如能够模仿促红细胞生成素功能的小分子化合物,它是一种可以诱导红细胞释放的蛋白质。

▶ 何谓克隆?

原始细胞裂变(一个细胞分裂为两个细胞)产生新细胞或者有丝分裂(细胞核分裂且每条染色体一分为二)产生新细胞即为克隆。克隆使现有的生命体遗传物质得以保存。数个世纪以来,园丁们通过扦插来克隆出与亲本具有相同遗传物质的植物。对于无法扦插成活的植物或动物来说,现代科学技术大大拓展了克隆的范畴。植物克隆技术始于可以满足繁殖要求、审美要求以及其他标准的植物组织。由于植物的所有细胞都包含了一整套发育成完整植株的遗传信息,因此该组织可以取自植株的任意部位。将其置于营养物质与生长激素充足

绵羊"多莉"是被成功克隆的第一头哺乳动物

的培养基中,离体组织中的细胞数将每六周增加一倍,直至细胞团长成白色球形的胚状体。这些胚状体再生长出根或芽,长成微型植株后将其移植至堆肥中,即可长成与母体完全相同的植株。全过程耗时十八个月。该过程即为植物组织培养。该技术已被用于克隆油棕榈、芦笋、菠萝、草莓、抱子甘蓝、花椰菜、香蕉、康乃馨、蕨类植物等。除了用于克隆优良植株外,该方法也控制了通过种子传播的病毒性疾病。

▶ 可以克隆人类吗?

理论上克隆人是可行的,但仍存在许多技术、道德、伦理、哲学、宗教以及经济等方面的问题。到目前为止,大部分科学家都认为在当前环境下克隆人存在一定的风险。

▶ 如何克隆人?

核移植或者体细胞核移植可以将一个细胞的细胞核及其遗传物质转移到另一个细胞之中。体细胞核移植技术可用于克隆患者组织以治疗某些特定疾病。若将遗传物质转移到无核卵细胞中,即可发育成克隆胚胎。

▶ 第一只成功克隆的动物是什么?

1970年,英国分子生物学家约翰·B.格登(John B. Gurdon, 1933—　　)克

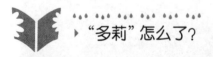

▶ "多莉"怎么了?

"多莉"羊死于2003年2月14日。它死于渐进性肺疾病,罗斯林研究所(在苏格兰爱丁堡附近)的科学家决定对"多莉"实施安乐死。"多莉"羊的躯体现在保存于苏格兰国家博物馆并展出。

隆了一只青蛙。他将蝌蚪的肠道细胞的细胞核移植到已经摘除细胞核的蛙卵细胞中。该卵细胞发育成了一只成年蛙,其全部体细胞都含有蝌蚪的基因组,因此被称为那只蝌蚪的一个克隆体。

▶ 第一头成功克隆的哺乳动物是什么?

1996年7月,第一头从成熟细胞克隆而来的哺乳动物"多莉"(Dolly)羊诞生于苏格兰的一个科研机构。该团队的科学家伊恩·威尔穆特从一头母羊的乳腺细胞中提取出一个细胞核,并将其移植至另一头母羊的去核卵细胞中;使用电脉冲辅助细胞核与去核卵细胞充分融合。当卵细胞开始分裂并发育成胚胎后,再将其移入另一头代孕母羊体内。从遗传角度来看,"多莉"羊是提供乳腺细胞核母羊的双胞胎姐妹。1998年4月13日,"多莉"羊诞下"邦妮"(Bonnie)——"多莉"与一头威尔士公山羊正常交配的产物。这一事件证明,"多莉"是一头健康的羊,可诞下健康后代。

▶ 何谓CODIS?

CODIS即DNA联合索引系统,美国各联邦、州以及当地警察机构可通过其比对DNA指纹图谱。CODIS使用两个索引:1)司法鉴定索引,包含来自犯罪现场的DNA指纹图谱;2)罪犯索引,包含性犯罪或者其他暴力犯罪者的DNA指纹图谱。

▶ CODIS(DNA联合索引系统)可以保存多少DNA序列信息

截至2004年,CODIS已保存了80 302条来自法院的序列信息以及1 681 703份犯罪分子信息。

◉ 何谓DNA元件百科全书计划（ENCODE计划）?

DNA元件百科全书计划（ENCyclopedia of DNA Elements, ENCODE）计划指由国家人类基因组研究院启动的旨在对人类基因组内所有基因（包括编码蛋白质和非编码蛋白质的基因）和其他功能元件进行识别、定位的长期性科研计划。

◉ 何谓纳米技术?

"纳米技术"一词由东京大学的谷口纪男（Norio Taniguchi, 1912—1999）于1974年首次使用。它包括运用多种技术，可将现有技术小型化到纳米（十亿分之一米）尺度，大约是分子或原子大小水平。纳米技术的潜在影响力包括制造可存储万亿字节信息却只有方糖大小的微型计算机、用于靶向致死肿瘤细胞的纳米机器人以及用于修复臭氧层的空中纳米机器人等。

◉ 可通过转基因技术生产珍珠吗?

基因工程技术可以生产珍珠，因为科学家们发现珍珠的主要成分是贝母基质蛋白质。当贝母基质蛋白质与钙离子结合后，会形成一种有机基质，类似于牡蛎内壳中基质。

◉ 基因工程可用于拯救濒危物种吗?

随着濒危物种在自然生境中的灭绝，人们只能在动物园中看到它们了。科

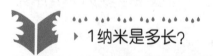

▶ 1纳米是多长?

1纳米约为6个键合碳原子的长度，是人类头发宽度的四万分之一。我们的遗传物质DNA宽约2.5纳米，红细胞的宽度约为2 500纳米。

学家们正在寻求保护这些物种的方法。通过超低温保存技术，美国圣地亚哥动物学会已经建立了一个"冷冻动物园"，储存了3 200个活细胞株，这些细胞株来自哺乳动物、鸟类以及爬行动物，涵盖了355个种或亚种。研究人员认为：一方面，仍应继续努力使物种在自然栖息地生存；另一方面，通过保存并研究其DNA，科学家们可以通过遗传学手段帮助濒危物种得以生存。

四 进化

简介及历史背景

▶ 什么是进化？

在19世纪，进化最初被定义为"变异的遗传"。现在，进化被描述为种群遗传性状频率（也称等位基因频率）随时间推移而改变。

▶ 关于进化的早期观点是什么？

一些希腊哲学家提出关于生命逐渐进化的理论，柏拉图（前427—前347）和亚里士多德（前384—前322）的理论不在此列。18世纪初，"自然神学"理论（认为生命是造物主计划的表现形式）横扫欧洲。这个观点是卡尔·林奈（1707—1778）的工作动力，他是第一个将所有已知的生物用界分类的人。在查尔斯·达尔文（1809—1882）的著作之前，同样流行的理论还有"特创论"（神创论）、"融合遗传"（子代总是两个亲代特征的混合）以及"获得性状遗传"。

▶ 什么是自然梯级？

亚里士多德试图用逻辑来构建生物图表，但他意识到生物不可能很简单地分类。相反，他创建了"自然梯级"或"完美尺度/标准"——人作为梯级的一端，依次经过动物界、植物界到另一端的矿物界。基于四种经典元素——火、水、土、气，亚里士多德把这些群体依次逐级划分。

▶ 什么是拉马克进化论？

法国生物学家让-巴蒂斯特·德·拉马克（Jean-Baptiste de Lamarck，1744—1829），被誉为"试图提出解释生物体内进化如何、为何发生理论的第一人"。拉马克提出的机制称为"后天习得特性的遗传"，即生物个体一生中的经验将作为遗传性状传递给它们的后代。这个理论也称为"用进废退"理论。一个经典的例子就是长颈鹿的脖子。拉马克进化论预言，长颈鹿为了吃到树上更高一点的树枝而伸长它们的脖子，于是它们的脖子便长得更长。其结果是，长颈鹿颈部长度增加这一性状将传递到卵子和精子里，长颈鹿后代也有长长的脖子。拉马克的观点只是基于现有的数据分析（长颈鹿有长长的脖子并生出长长脖子的后代），但他不知道，在一般情况下，环境因素不会以如此直接的方式改变基因序列。

▶ 谁创造了生物学一词？

1802年，让-巴蒂斯特·德·拉马克将希腊语中的意为"生命"的bios，加上意为"……的研究"的logy组合起来，创造了"生物学"（biology）这一术语来描述生命科学。同时，他也是第一个使用进化树来描述物种和其祖先的关系的人。

▶ 谁否定了拉马克的理论？

19世纪80年代，德国生物学家奥古斯特·魏斯曼（August Weismann，1834—1914）提出了种质遗传理论。魏斯曼通过推理认为生殖细胞是从功能性的体细胞中分离出来的细胞，因此，体细胞的改变将不会影响到种质，也不会将种质的改变遗传给子代/后代。为了证明体细胞结构的废弃或丢失不会影响后代，魏斯曼剪去小鼠的尾巴，然后让它们繁殖。这个实验持续了20代，他发现小鼠仍然能够像原来那样自然长出同样长度的尾巴。这个实验不仅推翻了拉马克的"用进废退"理论，也加深了人类对遗传学这个新领域的理解。

▶ 谁是德·布封伯爵？

德·布封伯爵，即乔治·路易·勒克莱克（Georges Louis Leclerc，1707—1788）是博物学的早期拥护者，同时他也因自己在数学方面的工作而享有盛誉。博物学是在自然环境中研究植物和动物的科学。布封对进化发生的模式非常感兴趣。作为一名高产的作家（他的著作《自然史》长达三十五卷），布封思考了"物种"一词的含义，思考这样的分类是否会随时间的推移保持不变。另外，他还是让-巴蒂斯特·德·拉马克的导师。

▶ 谁是伊拉斯谟斯·达尔文？

伊拉斯谟斯·达尔文（Erasmus Darwin，1731—1802）是查尔斯·达尔文的祖父。伊拉斯谟斯是一名医生、发明家和博物学家，1794至1796年间出版《动物法则》来阐明自己的思想。《动物法则》是一本充满诗意的小册子，它描述了伊拉斯谟斯·达尔文关于科学，尤其是生命进化的思想观点。伊拉斯谟斯·达尔文的假设是，这个星球上的所有动物都起源于我们所熟知的启动生命的"生命火花"。在他死后，《自然神殿》一书在1803年出版，书中伊拉斯谟斯·达尔文进一步系统分析了进化的理论，包括有机生命的统一、进化过程中性别选择的重要性以及生存斗争的基本观点。多年以后，查尔斯·达尔文在一本关于他祖父的传记中，承认他的想法受到了祖父的影响。

▶ 谁是查尔斯·达尔文？

查尔斯·达尔文提出的自然选择理论彻底改变了自然科学的各个方面。达尔文出生在一个医学世家，曾计划步入祖父和父亲的专业领域。但因为不能忍受目睹血腥画面，他在剑桥大学选择学习神学，并于1830年取得学位。

▶ 什么是"小猎犬"号航行？

"小猎犬"号是一艘海上科考船，它于1831年12月从英国出发，主要是为了考察巴塔哥尼亚、秘鲁和智利附近的海域。此次航行持续了五年，达尔文的工作

查尔斯·达尔文提出的自然选择理论彻底改变了自然科学的各个方面

是作为船长的无偿伙伴，作为回报，船长满足了达尔文对博物学的兴趣。在去往亚洲的航行途中，这艘船曾有段时间逗留在离厄瓜多尔海岸不远的加拉帕戈斯群岛，在那里的观察促使达尔文形成了自然选择的理论。

▶ 达尔文雀类研究的重要意义是什么？

在对加拉帕戈斯群岛的研究中，达尔文观察到的动物和植物模式，说明有些物种会随着时间变化，产生新物种。达尔文收集了几种特有的雀类。这些物种很相似，每一个物种都有发育完整的但以不同方式专门捕捉食物的喙。一些雀有厚重的喙以敲开硬的种子，另一些雀有细长的喙用于捕捉昆虫，还有一些雀用细树枝来探测树洞中的昆虫。所有的这些雀都与南美雀科类似。事实上，加拉帕戈斯群岛的所有植物和动物，都与南美洲附近海岸的物种类似。达尔文认为对这种相似性最简单的解释是，某些植物和动物从南美洲迁移至加拉帕戈斯群岛上。然后这些植物和动物为了适应新家的环境发生了改变，最终引发了许多新的物种的产生。进化论认为物种随时间推移的改变是对环境挑战做出的回应。

▶ 地质学是如何影响达尔文的？

在"小猎犬"号的海上航行中，查尔斯·达尔文阅读了查尔斯·莱尔（Charles Lyell, 1797—1875）的著作《地质学原理》。灾变说是当时流行的关于推动地质改变的力量的学说。莱尔的理论认为，地质情况的改变不仅仅是偶发灾难的结果。相反地，地质构造的改变更多源自日常发生的事件，比如风暴、巨浪、火山爆发和地震等一个人一生中总能遇见几次的事件。这种想法被称为均变说，这样的地质过程不仅发生在现在，而且过去也是如此，贯穿了人类的整个进化史。这个结论也促使莱尔以及在他之前的詹姆士·赫登（James Hutton, 1726—1797）提出：地球的年龄一定比人们先前认为的6 000岁更大，因为这些均变的过程需要几百万年，才能形成他们观察到的地质结构。阅读莱尔的著作给达尔文带来了一种新的视角，在穿越南美洲的海上航行中，他开始探求一种可以解释他的进化观点的机制。

▶ 谁提出地球仅有6000岁?

17世纪,爱尔兰大主教詹姆士·厄舍尔(James Ussher, 1581—1656)依照《旧约》中记载的族谱,计算出地球在公元前4004年10月26日的那个星期天被创造出来。他还精确地计算出亚当和夏娃被赶出伊甸园的时间(公元前4004年11月10日,星期一)以及挪亚方舟在亚拉拉特山降落的时间(公元前1491年5月5日,星期三)。

▶ 阿尔弗雷德·罗素·华莱士是谁?

阿尔弗雷德·罗素·华莱士(Alfred Russel Wallace, 1823—1913)是一名博物学家。1858年,他的论文与达尔文的论文一同递交给伦敦林奈学会。通过在亚马孙河流域的多次旅行,华莱士独立提出了与达尔文相同的结论:自然选择在促进物种多样性方面有重要作用(是自然选择推动了物种多样性)。在印度尼西亚,华莱士还是一名自然史标本的收藏家。同达尔文一样,华莱士也阅读了托马斯·马尔萨斯(Thomas Malthus, 1766—1834)的著作。在印度尼西亚的一次疟疾大暴发中,华莱士弄清了马尔萨斯生存斗争的概念与种群内变化机制间的内在联系。由此,华莱士于1858年写出了与达尔文理念一致的学术论文。

▶ 为什么华莱士不如达尔文有名?

达尔文与当时的科研机构有良好的联系,而华莱士则是后来才在科研圈中崭露头角,因此他没有达尔文的名气大。在接下来的几十年,尽管达尔文的名气比华莱士大很多,但是华莱士在那个时代作为博物学家、作家和演说家还是非常有名的。华莱士也因为他的工作得到过无数奖项。

▶ 阿尔弗雷德·罗素·华莱士对颅相学的贡献是什么?

阿尔弗雷德·罗素·华莱士对博物学以外的很多学科非常感兴趣,包括妇女参政运动和唯心论。他也因为提出颅相学闻名,这是一门通过个体头骨的形状来预测其心理功能的学科。华莱士指出,当其他科学家在讨论思想和身体的联系时,颅相学家实际上在试图找出生理结构(头骨)和精神属性(思维过程)的连接点。尽管现在颅相学已经不被认为是一门真正的科学,但在华莱士的时代,它是若干探索自然世界的领域之一。

▶ 谁被称为"达尔文的斗牛犬"?

托马斯·赫胥黎(Thomas Huxley,1825—1895)是达尔文的坚定支持者。事实上,在达尔文的《物种起源》刚一问世,赫胥黎就写了一篇赞许的评论。当达尔文的作品问世后,激烈的争论开始时,赫胥黎已做好准备并有能力捍卫达尔文。而这时达尔文因疾病加剧,在自己学说的争论中长期对公众保持沉默。在与主教塞缪尔·威尔伯福斯(Samuel Wilberforce,1805—1873)的争论中,赫胥黎对达尔文的捍卫是如此坚定,因此在1860年英国科学促进协会的会议上,他赢得了"达尔文的斗牛犬"这一头衔。

▶ 马尔萨斯是如何影响达尔文的?

达尔文和华莱士都阅读了托马斯·马尔萨斯的著作——1798年出版的《人口原理》。在这本书中,马尔萨斯讨论到人类的生殖率呈几何级增长,远远超过可用的资源。这就意味着个体为了生存必须在"生存斗争"中争夺一部分资源。达尔文和华莱士将这个观点吸收到自然选择里面,即,更成功的竞争对手的适应性可以传递给下一代,从而产生越来越高的效率。

▶ 什么是"生存斗争"?

正如托马斯·马尔萨斯所指出的,出生的个体数量远远超过有限的资源可以供养的个体数量。因此,就会有"生存斗争"。我们可以把这种竞争看成(同个物种或不同物种间的)个体为了食物、藏身之地或其他必要的资源进行的斗争。这个词的来历能够追溯到希腊哲学家,但最好的描述还是阿尔弗雷德·丁尼生勋爵(Lord Alfred Tennyson,1809—1892)的描述——"适者生存"(自然界充斥着腥牙血爪)。

▶ 《物种起源》的重要意义是什么？

在《物种起源》中，查尔斯·达尔文第一次提出了基于自然选择的进化论。《物种起源》的出版使我们对人类本质的思考进入了一个崭新的时代。它引发的知识革命、对于人对自身和世界的概念认识的影响，都大大超过了艾萨克·牛顿（Isaac Newton，1643—1727）。效果是立竿见影的——《物种起源》的第一版（1859 年 11 月 24 日出版）发行当日售罄。《物种起源》被称为是"震撼世界的书"。每一次关于人的未来、人口爆炸、生存斗争、人与宇宙的意义以及人类在自然界中的地位的现代讨论都有赖于达尔文的观点。

这部作品是他对"小猎犬"号航行中的发现进行分析和解释的产物。在达尔文生活的时代，对生物（有机体）多样性最普遍的解释是《圣经》中的《创世记》所述的创世故事。《物种起源》的出版，第一次为进化论提供了科学合理、组织严密的证据。达尔文的理论以自然选择为基础，即最好的或最适的个体通常比那些不适者更容易生存下来。如果这些个体之间的遗传禀赋与适合度存在差异，物种（作为一个团体）将会随时间的推移而改变，并最终更趋于接近最适合生存的个体。这是一个两步过程：第一步是变异的产生；第二步是对这些变异

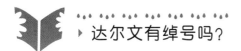

▸ 达尔文有绰号吗？

达尔文有好几个绰号。作为在"小猎犬"号船上年轻的博物学家，他因为对知识的追求被称为"哲学家"；当同船的伙伴厌倦了他那装满整艘船的收藏品时，他被称为"小霸鹟"。后来，当他成为科学界的领导者时，记者称他为"落魄的圣人"或"科学的圣徒"，但他的朋友托马斯·赫胥黎私下称他"落魄的沙皇"和"科学的教皇"。他自己最喜欢的绰号是"短视的傻瓜"（Stultis the Fool），他给科学界的朋友写信时经常签上Stultis。这个名字也指代了他的习惯：他不断尝试大多数人预判为徒劳或认为愚蠢的实验。

排序,通过自然选择,有利变异往往会被保留下来。

▶ 谁造出了"适者生存"(survival of the fittest)这一词语?

尽管"适者生存"经常被与达尔文主义联系在一起,但这个词语是由英国的社会学家赫伯特·斯宾塞(Herbert Spencer,1820—1903)创造的,它指代一个"不适者趋于灭亡、适者生存"的过程。

▶ 达尔文出版的书籍有哪些?

● 杂志《地质与自然史的研究》,描述了1832—1836年,由船长费茨·罗伊指挥的"小猎犬"号航行中所经过的不同国家的地质情况与自然历史(1839年)。

●《珊瑚礁和火山群岛的地质观察》以及《南美洲地质观察》:描述了1832—1836年,由船长费茨·罗伊指挥的"小猎犬"号航行中的所研究的南美洲地质学问题(1846年)。

●《蔓足亚纲》(1851—1854年)。

●《大不列颠茗荷科化石》(1851年)。

●《大不列颠藤壶科与浮玉甲科化石》(1854年)。

●《依据自然选择或在生存竞争中适者存活来讨论物种起源》(1859年)。

●《大不列颠与外国的兰花经由昆虫授粉的各种手段及杂交的良好效果》(1861年)。

●《攀缘植物的运动与习性》(1865年)。

●《动物和植物在家养下的变异》(1868年)。

●《人类的由来与性择》,又称《人类起源》(1871年)。

●《人类与动物的感情表达》(1872年)。

●《食虫植物》(1876年)。

●《植物界中异花受精与自花受精的效果》(1876年)。

●《同种植物的花的不同形态》(1877年)。

●《植物的运动能力》(1880年)。

●《腐殖土的产生与蚯蚓的作用》(1881年)。

●《攀缘植物的运动与习性》(1882年)。

达尔文-华莱士理论

▶ 达尔文-华莱士理论是什么？

达尔文-华莱士理论可以概括如下：从整体上来说，物种表现为从祖先那里获得变异而进化，自然选择是周围环境各种驱动变异的力量共同作用的结果。这些变异或适应使种群中的个体更合适在其环境中生存，也可以说更"适应"生存。

达尔文在《物种起源》中提出了四个假设：1）物种内部的个体是可变的。2）其中一些变异会传递给后代。3）每一代产生的后代比能生存下来的多。4）个体的生存和繁衍不是随机的，能够生存和繁殖最多的是那些产生最有利变异的个体。它们被自然选中。从逻辑上说，这些种群特征会随着其后的每一代变化，直至种群变为与最初的种群出现明显的差异——这一过程被称为进化。

▶ 什么是达尔文适合度？

种群适合度（达尔文适合度）是通过种群中下一代的一个等位基因或者基因型的平均代表性与其他等位基因或基因型之间的比较来获得。换句话说，种群中更为常见的等位基因或基因型的种群适合度会更高。

▶ 为什么进化论是一种理论？

科学理论是依据现有的科学数据对观察到的现象的解释。术语"理论"暗指这种解释将会随着新数据的获得而得以修正。例如，达尔文-华莱士理论的提出虽然早于遗传学的分子特性的发现，但是这并没有妨碍后一发现被及时添加成为达尔文-华莱士理论的一部分。

▶ **哪些学科为进化论提供了证据？**

虽然来自任何自然科学领域的信息都与进化论的研究相关，但是其中有一些学科直接支持了达尔文和华莱士的工作。古生物学、地质学和有机化学提供了生物体是如何进化的深刻见解。生态学、遗传学和分子生物学演示了现存物种如何随环境的变化而变化，以及由此经历的进化过程。

▶ **什么是渐进主义？**

达尔文-华莱士的进化论基于渐进主义——新物种的形成是许多新特征的逐渐积累的结果。这就使一个物种经过很多很多代（这称为进化的时间尺度）逐渐进化成一个看起来完全不同的物种。

▶ **什么是适应性？**

这个术语是指生物体对环境的适应能力。有适应性的个体能够比没有这些适应性的个体更好地生存和繁殖。适应性的一个很好的例子是在沙漠中生存的兔子会有长长的耳朵和四肢。这些适应性使得兔子有更大的表面积，能更有效地散热，从而使它更容易在恶劣的气候中生存。

 ▸ **驯养动物共同的进化主题是什么？**

不同种类的家养动物倾向于共有某些其野生近缘没有的性状。一般情况下，驯养的狗、牛、马、羊和猪都有松软下垂的耳朵，更小的大脑，更小的身形和在未驯化种群中未找到的斑点皮毛。人们认为，这些特征跟其他特征一样，比如狗的短而直的双腿，可能在某种程度上与使这些动物变得温顺的基因序列捆绑在一起。因此，为了驯养而进行的人工选择增加了这些性状的可见性。

▶ 什么是人工选择？

人工选择是指人类为了某种需要的性状而选择性地繁殖生物，如繁殖能产生更大花朵的玫瑰，或能多下蛋的鸡。达尔文将人工选择作为物种不是一成不变（即不能通过选择改变）的证据。

▶ 什么是同源性？

同源性是指两个物种在特征上的相似性，指示它们有共同的祖先。例如，猎豹、狮子、老虎和家猫的一般特征是胡须、可伸缩的爪子、牙齿结构等等。这些相似之处表明这些特质都来自同样猫科动物的祖先。

▶ 什么是同功性？

进化论者认为，同功性结构是指一种看上去类似或具有相同的功能，但绝对不是共同遗传的结果。例如，蝙蝠和鸟类都使用翅膀飞翔，并且翅膀的形状大致相同（薄而宽）。然而，这样的结构不是从同一祖先继承的。在它们的前肢进化为翅膀飞行之前，蝙蝠是四条腿的哺乳动物，而鸟类不具有哺乳动物的血统。

▶ 科学家如何区分同源性和同功性？

科学家们通过对比被认为有共同起源的物种，或对比相似栖息地的不相关物种的特征，来确定性状是同源还是同功。

▶ 何谓共同起源？

共同起源，指的是达尔文-华莱士理论中的"共同祖先"。它解释了我们在不同种类的鸟中看到的共性，例如，蓝鸟、棕鸟、麻雀和其他鸟类，都有像喙、翅膀和一般身体结构等具有共同起源的身体特征。

▶ 达尔文-华莱士理论为什么被许多人嘲笑？

达尔文和华莱士的研究至少在两个方面引起了争议。第一，他们的理论直接反驳了物种的不可变性和物种神造论。第二，通过提出共同血统论，达尔文和华莱士表明人类与其他的动物有亲缘关系——尤其是类人猿。这样的观点冒犯了那些觉得人类是独一无二的、不是动物界的一部分的人。然而，值得指出的是，随着这一理论在科学家们之间的传播，在19世纪后期的几十年里，这些著作得到了普遍的认同。

后达尔文进化论

▶ 什么是现代综合进化论？

1942年，托马斯·赫胥黎（有"达尔文的斗牛犬"之称）的孙子朱利安·赫胥黎（Julian Huxley, 1887—1975）发表了《进化：现代综合》。这本著作用种群遗传学和孟德尔遗传领域的发现，来重新引入达尔文的进化论，对重申自然选择是进化发生的机制意义重大。

▶ 什么是物种？

有几种方式定义物种。科学家们将使用不同的定义，具体取决于它们是指化石（灭绝）物种还是活（现存的）物种。例如，一个现存的物种可以定义为所有种群中所有能进行品种间杂交的个体。从进化的角度来看，如果一个种群不同于所有其他的种群，即使因为灭绝无法完成品种间的杂交，也可能被定义为一个物种。

▶ 术语"物种"的不同定义方式有哪些？

一个物种可以用多种方式来定义。生物学中的物种概念可以这样理解：

任何可以繁殖并产生后代的两个个体属于同一物种。这意味着狮子和老虎属同一物种，因为它们能产生杂交后代——至少有一个例子——虎狮（雄虎和雌狮的后代），它是狮子与老虎计划外交配后产生的后代。其他的概念包括亲缘种的观念，它将物种的鉴定建立在是否有共同的进化史上。

骡（马和驴的后代）不是一个独立的物种，因为它们无法繁殖。

▶ 什么是亚种？

亚种是描述不同种群或变品的另一种方式。这个术语用来描述两个不同种群相遇并杂交后产生的杂交后代。

▶ 什么是种类？

骡（马和驴的后代）不是一个独立的物种，因为它们无法繁殖

种或类是一个物种的子分类。例如，格里格·孟德尔的花园里种植豌豆的工作中涉及不同的品种；一种有紫色的花朵，而另一种的花朵则为白色。

▶ 什么是物种形成？

物种形成是指形成新物种的过程。这个过程发生在群体与物种的其余部分隔开时。这时，隔离群会独立地对自然选择做出回应，直到这个种群产生生殖隔离。那时这个种群就被视为一个新的物种。

▶ 物种形成是如何发生的呢？

如果一个种群产生了生殖隔离，那么种群中的个体将不再与该物种的其他种群交换遗传物质。此时，环境因素（即自然选择）将在该种群内的遗传变异上起作用，直到这个种群成为一个新的物种。

▶ 种群如何才能产生生殖隔离？

生殖隔离意味着一个种群的个体不能与另一个种群的个体交换基因序列（精子和卵子）。这意味着，自然选择将会作用于这个独立于该物种的其他部分的隔离种群，因此增加了隔离种群成为一个新物种的可能性。可以产生生殖隔离的方法包括地理隔离、栖息地隔离和时间隔离。具体而言：两个群体可以被障碍物（如大洋或山脉）物理隔开；它们可以生存于同一栖息地环境的不同区域（比如，在树梢上栖息的鸟类与在较低的树枝上栖息的鸟类）；或者它们可能活跃在不同的时间，比如，夜出性昆虫和日出性昆虫。

▶ 雨果·德弗里斯是如何论证同域物种形成的？

雨果·德弗里斯发现了一种方法，可以使一个种群不与该物种的其他成员隔离，而是共处相同的环境中，仍然能成为一个独立的新物种。这个过程，即同域物种形成，几乎全发生在植物中而不是动物中，涉及配子（精子和卵子）形成过程中可能发生的一系列的罕见遗传事故。其结果是，配子形成多倍体——这样的配子含有每条染色体的额外拷贝，因此无法与同一物种其他个体的染色体匹配。因为这些多倍体只能与群体中其他多倍体植物交配，于是它们产生了生殖隔离，被认为是新的物种。

▶ 进化的时间尺度是什么？

在化石记录中的变化趋势至少需要100万年才能确认，所以古生物学家倾向于以1 000万到2 000万年作为研究的时间尺度。研究现有生物物种进化的生物学家,倾向于用十年或更短的时间段来作为研究的时间尺度。

▶ 与人类的亲缘关系最近的动物是什么?

形态学和分子生物学方面的研究表明,与我们有最近亲缘关系的物种是黑猩猩,尽管一些证据相互矛盾。我们确切地知道,对黑猩猩和人类的蛋白质结构分析表明,大约98%的基因序列功能基本相同。这也意味着,即使基因序列不同,也不足以从根本上改变它们所表达的蛋白的功能。据估算,我们与黑猩猩的最后的共同祖先至少生活在500万年前。

▶ 什么是适应性辐射?

随着群体迁移到新环境并适应当地的环境条件,多样性就会增加。这种分裂使原始种群发生了扩散。当在纸上绘制图表时,新的种群似乎从原始种群向外扩散,呈现出像车轮辐条一样的趋势。

▶ 什么是分支进化?

分支进化是指一群有一个共同祖先的物种的形成过程。分支进化是一个物种扩散或分裂为几个物种的适应性辐射的结果。

▶ 前进演化是什么?

当一个物种随着时间的推移逐渐改变,以致它成为一个"新"的物种,但并不产生另一个物种(没有分化),这个过程称为前进演化。

▶ 为什么岛屿是研究进化的好地方?

岛屿上的种群往往更容易与大陆形成生殖隔离。因此,它们更有可能对这个岛的生态系统表现出特定的适应性。这不仅为研究者提供了一个机会来研究

加拉帕戈斯群岛的一只鬣蜥。因为岛屿上的种群往往容易与大陆的种群形成生殖隔离，它们更有可能对这个岛的生态系统产生特定的适应性

自然选择如何作用于种群，还可以研究影响大陆种群的力量可能是什么。

▶ 自然选择有哪些不同类型？

自然选择可以通过多种方式引起种群的变化。自然选择只能导致一种性状向一个方向发生改变，比如，种群中的个体一代比一代更高。这被称为定向选择。多样化选择可导致中档特征个体的丢失。举例来说，如果某些猎物物种的颜色范围从很深到很浅，处在中间颜色的个体有可能无法躲避掠食者。中间色猎物将被选择性地从种群中消除，只留下种群中颜色很深和很浅的两种形式。在稳定选择的过程中，处在范围两端的更经常被消除，为中档选择制造出压力。选择也在有性生殖重要性状的选择中起作用，这就是所谓的性别选择。

▶ 什么是性别选择？

当同一性别的个体交配成功率不同，而这种差异与某一特定性状的存在与

▸ 兔子的引入给澳大利亚带来了什么?

家兔最初由一位富有的英国地主引入澳大利亚,他因很想念自己家乡(英格兰)的兔子而引入了它们。1859年,24只家兔被放养在南部维多利亚州的庄园。1866年,仅仅在兔子被引入7年后,14 253只兔子在狩猎时被射杀。据估计,截至1869年,这片土地上总共有2 033 000只兔子,并从那里开始向整个大陆蔓延。它们的种群是那么密集,以至于它们差不多吃掉了所有的植被。并且由于没有捕食者,它们几乎铺满地面。在绝望中,政府于1907年建造了长达3 000多千米的篱笆,试图阻止兔子进入澳大利亚西南部。最终,兔子穿过篱笆上的洞,以惊人的速度保持增长。1950年,一种兔病毒(黏液瘤病毒)被引入到兔子种群中,造成它们数量的减少。自那时起,其他病毒也被人类用来控制兔子的数量。

否相关联时,我们就会说这种性状是性别选择的结果。那种对于生存没有益处但是能增加雄性获得伴侣的可能性的性状,就是性别选择的例子。

▶ 物种多样性与进化的关系是什么?

物种多样性是进化已经发生的直接证据。当物种的个体共有一系列的重要特征,同时也有一些独特的适应性时,我们就可以顺理成章地假设物种的共有特征是共同起源的结果,而独有特征是适应性辐射的体现。物种多样性的重要性的例子就是加拉帕戈斯群岛上的达尔文雀。虽然这些物种有从共同的祖先继承的相同身体结构,但在喙的大小和结构上都有差异,每一个物种又显示出它们对当地环境和食物类型的适应性。

▶ 围绕产婆蟾的争论是什么?

在20世纪20年代,奥地利生物学家保尔·卡摩尔(Paul Kammerer,

1880—1926）声名鹊起，因为他自称能够证明拉马克的进化论——后天获得性的遗传。卡摩尔在装满水的水族馆培育了许多代产婆蟾（一种陆地繁殖的蟾蜍），并报道称这种蟾蜍与水中繁殖的蟾蜍一样有紧紧抓住彼此的身体结构——用于交配的黑色鳞状突起物。然而，人们发现，卡摩尔培育的产婆蟾被注射染料来模仿水中繁殖蟾蜍的黑色鳞状突起物。虽然卡摩尔坚称自己是无辜的，但这仍然影响了他的名声，他此后不久便死于自杀。

▶ 为什么有性繁殖逐渐发展起来？

高级性状的频繁出现和保持，仅仅在这些特征对个体的适应性有净收益时才会发生。有性繁殖是需要成本的，例如，寻找一个伴侣需要相当多的时间和精力。更重要的是，个体在有性繁殖中仅仅能传递自身的一半基因到后代中去，因此它们的适应性只有无性繁殖个体的一半。科学家们研究了有性繁殖的成本和收益，并确定无性繁殖最有可能是由一种保持基因多样性的方式进化而来的。也有实验表明，在不稳定环境中的种群，或那些与物种的其他部分发生生殖隔离的种群，进行有性繁殖相对于无性繁殖处于优势。通过与等位基因混合和配对，这个种群的个体能够保持遗传多样性和表型的变异，提升了它们的避险技能，可以抵御一个不可预知的未来。

▸ 孔雀的尾巴与选择有什么关系？

华丽精致的雄孔雀尾巴是性别选择的表现。大尺寸和色彩绚丽的尾巴对孔雀来说非常困难，因为它们大部分时间在地面上以躲避捕食者。事实上，雌孔雀的尾巴颜色隐蔽且体形也小得多。然而，孔雀尾巴在吸引配偶方面非常有用，已有研究证明雄性孔雀的眼斑羽毛越多，就越容易在交配季节产下较多的后代。

▶ 什么是平衡多态性？

当一种性状在一个群体中以多种形式存在时，我们就说这种性状具有多态性。保持一代以上的种群间稳定分布的多态性称为平衡多态性。如果杂合子（两种类型的混合物）有适合度优势，平衡多态性就可以保持。当这种情况出现时，两种类型的等位基因都能在种群中得到保持。一个经典的例子是镰状细胞性贫血。那些杂合子（Hh）个体有疟疾抗性，显性纯合子（HH）个体易患疟疾，隐性纯合子（hh）个体患有镰状细胞性贫血。因为那些同时有两种等位基因并且生活在疟疾易发区域的人，是最有可能活到生儿育女年龄的人，所以这两种类型的人口都在种群中保持一个相对稳定的比率。

▶ 什么是工业黑化现象？

工业黑化现象是指由于工业污染引起物种的颜色发生变化。18世纪到19世纪英国的工业革命造成空气污染的加剧，导致许多建筑物（包括树干）上积累了大量的烟尘。其结果是，其颜色使那些用树木来伪装躲避天敌的生物失去了这种优势，更经常被捕食者吃掉。一个典型的例子是椒花蛾（白桦尺蠖），其颜色是多态的。在工业革命以前收集的记录显示黑色的蛾类几乎不为人所知，但是到1895年，它们大约占所有蛾类的98％。由于形态上的变化直接与工业的变

▶ 所有的脊椎动物都是有性繁殖的吗？

在脊椎动物中，有一些鱼类、两栖类动物和蜥蜴是无性繁殖的。无性生殖是一个未受精的卵细胞到有活力的胚胎的形成过程。物种的某些群体，特别是鞭尾蜥蜴，没有雄性。在交配行为中，雌性轮流扮演"雄性"角色，刺激"雌性"体内荷尔蒙的释放，使其卵细胞开始发育。在下一个交配周期中，雌性将转换角色，以使每个雌性最终都实现无性生殖。

化相关,这一过程被称为工业黑化现象。

▶ 什么是米勒拟态?

弗里茨·米勒(Fritz Müller, 1821—1897),是一位出生于德国的动物学家。他在1878年描述了一种现象:物种中对掠食者有相同适应性的种群通常有相似的外表。现在,这种现象被称为米勒拟态。黄蜂和蜜蜂都会呈现出米勒拟态,它们都有类似的黄色-黑色条纹模式,作为对潜在天敌的警告。

▶ 什么是贝氏拟态?

1861年,英国博物学家亨利·沃尔特·贝茨(Henry Walter Bates, 1825—1892)

狮子是唯一一种有鬃毛的猫科动物。查尔斯·达尔文第一个提出鬃毛可能是性别选择的结果

提出:为了避免被捕食者吃掉,一个无毒、可食物种可以从外表(特别是颜色和图案)上模拟有毒、不可食的物种。典型的例子是总督蛱蝶,它的外表与讨人厌的帝王蝶相像。这就是贝氏拟态。众所周知,贝茨是阿尔弗雷德·罗素·华莱士的同事。事实上,正是贝茨带领华莱士进入植物学和野外动植物采集领域的。

▶ 什么是趋同进化?

不同的物种在面对同样的环境压力时会发展出类似的适应性,这种现象称为趋同进化。例如，海豚和鲨鱼起源于不同的祖先，但由于同处水生环境，它们在身体形态方面有相同的适应性。

▶ 什么是趋异进化？

两个物种远离它们共同祖先的特征以适应各自的生存环境，这种现象称为趋异进化。作为一个例子，可以想象鸟类的多样性。鸭子、蜂鸟、鸵鸟和企鹅都是起源于一种祖先鸟类，但它们在适应各自特定的环境时产生了分化。

▶ 什么是微进化？

微进化是指在种群或物种层次上发生的等位基因频率的改变。带有某种特征的个体在繁殖上越成功，这种特征在后续的世代中就会有越多的拷贝。如果这种趋势继续下去，最终这些特征将在种群中变得如此普遍，以至于整个种群的图谱将发生改变，这就称为微进化。

▶ 什么是宏观进化？

宏观进化是能够生成与该物种有亲缘关系的全新物种的大规模变化，也称为种系分支。一个例子是植物向陆地的迁移，所有的陆地植物都是在4亿年前的泥盆纪时产生的。

▶ 什么是奠基者效应？

当一小群个体为新物种的形成奠定了遗传基础，在这个新的种群之中，只会发现该创始群体内部的变异。这个现象称为奠基者效应。在加拉帕戈斯群岛的达尔文雀中就能找到奠基者效应的例子。

▶ 什么是瓶颈效应？

种群受到某种暂时限制，而这种限制严重降低了其遗传多样性。这一现象称为瓶颈效应。瓶颈性事件可能是流行病或洪水等自然灾害。据推测，非洲猎豹缺乏遗传多样性的原因是过去发生在该物种中的一些瓶颈性事件。

▶ **什么是简约法?**

简约法是在无法得到决定性证据的情况下，从所有可能的解释中，选择最简单的一种来解释现象的方法。从进化的角度看，这意味着将生物或其特征按特殊事件发生可能性最小的等级进行分组。例如，所有哺乳动物都是长皮毛、产奶的祖先的后代，即使一些哺乳动物（如鸭嘴兽、针鼹）是产蛋而不是产崽。最简洁的解释是，活产是哺乳动物与其他动物群体分离后发生的一种次生适应。

地球生命进化史

▶ **生物发生律(胚胎重演律)的含义是什么?**

个体发育是生物体从受精卵到成体的发育过程，而系统发育是指一群生物的进化历史。术语"生物发生律"最初由恩斯特·海克尔(Ernst Haeckel, 1834—1919)提出。这一学说认为，随着高级生物胚胎的生长，它将经过一些阶段，这些阶段看起来很像较低级生物体的成体阶段。例如，每个人类胚胎曾经都有鳃，而且看起来很像蝌蚪。尽管进一步研究表明，早期胚胎并不能代表我们的进化祖先，但海克尔的概括性结论——发育过程揭示了一些关于进化历史的线索——是正确的。有共同祖先的动物往往比那些不同祖先的在发育过程中有更多的相似性。举例来说，同蝾螈胚胎相比，狗胚胎和猪胚胎在发育的大多数阶段看起来更为相似。

▶ **恩斯特·海克尔是谁?**

恩斯特·海克尔是一位内科医生，在阅读了《物种起源》后成为狂热的进化论者，但他不赞同查尔斯·达尔文关于自然选择是进化的主要模式的观点。海克尔最著名的工作，是他试图把发育阶段与进化阶段联系到一起（"生物发生律"），他认为发育过程的每个阶段都是祖先进化过程的描绘。海克尔还因提出"门""系统发育""生态学"等术语而出名。

▶ 什么是奥巴林-霍尔丹假说？

在20世纪20年代，分别独立做研究的亚历山大·奥巴林（Alexandr Oparin，1894—1980）和约翰·霍尔丹（John Haldane，1892—1964），都提出了地球的"生命起源前"的设想（允许有机生命体进化的条件）场景。虽然他们的两种模型在细节上各不相同，但都认为早期地球大气中充满氨和水蒸气，并推测有机分子在大气中聚合，然后进入海洋。奥巴林-霍尔丹模型的要点如下：

1）有机分子包括氨基酸和核苷酸在非生物（无活细胞）条件下合成。

2）原始汤中的有机单元组装成蛋白质和核酸的聚合物。

3）生物聚合物组装成一个可自我复制、以现有的有机分子为食物的有机生命体。

▸ 谁验证了奥巴林-霍尔丹假说？

1953年（沃森和克里克发表关于DNA结构的著名论文的那年），哈罗德·尤里（Harold Urey，1893—1981）实验室的研究生斯坦利·米勒（Stanley Miller，1930—2007）制作了模仿早期地球大气层的装置，这一还原性大气层中含有甲烷、氨气和氢气。在密闭的容器内，米勒煮沸了水，接着让水接受电击，然后冷却它。这个装置运行了一段日子后，米勒进行水质测试，发现了多种蛋白质的组成单元——氨基酸。最终，科学家们重复进行了米勒-尤里的实验，并且得到了其他类型的氨基酸、核苷酸（DNA的基本构成单位）以及糖类。

▶ 细胞是如何进化的?

活细胞的核心准则是有一种能够分离细胞内部及其周围环境的膜、能够被复制的遗传物质,并能够获取和使用能源(代谢)。米勒-尤里实验结果表明,有机分子,包括遗传物质,可以通过非生物的途径产生。磷脂——组成细胞膜的分子,当其暴露在水中时会自发地成为球形。虽然没有人确切知道细胞究竟是如何演变而来的,但这些数据显示了部分场景可能是如何展开的。

▶ 什么是系统发育?

系统发育是一组物种的进化历史。这段历史通常以系统发育树的形式来展示,其中个别物种或物种组排列在系统发育树的分支末端。树枝交汇的连接处指示共同的祖先。

▶ 系统分类学是什么?

系统分类学是专门对生物体进行系统分类的生物学领域。最初由卡尔·林奈提出,他的分类系统基于生理性状。现代分类学的分类标准包括跨物种的DNA、RNA和蛋白质的相似性。

▶ 间断平衡是什么?

间断平衡是宏观进化的一种模型,在1972年由奈尔斯·埃尔德雷奇(Niles Eldredge, 1942—)和史蒂芬·杰伊·古尔德(Stephen Jay Gould, 1941—2002)第一次详细提出。它可以看成是新达尔文主义提出的渐进进化论模式的竞争者或补充模式。间断性平衡模型实质是,大部分的地质历史段内显示出的进化变化不大,紧接着是短时间内(从地质学上讲,几百万年以内)快速进化变化的时期。控制胚胎发育的 *Hox* 基因(同源基因)的发现支持了古尔德和埃尔德雷奇的理论。在所有脊椎动物和许多其他物种中都发现了 *Hox* 基因,它们控制胚胎发育过程中身体部位的布局。这些基因序列中相对微小的突变可能导致物种的身体在短时间内发生重要变化,从而产生新的生物形态,进而产生新的物种。

▶ 物种扩张的辉煌时期是在什么时候？

寒武纪大爆发是一个相对短暂的时期（约4 000万年之久），这是所有今天人们认识的主要动物群体首次出现的时期。这一事件发生在大约5亿年前，可能是基因组结构发生变化的结果。这些变化导致蛋白质种类的变化，最终导致这些蛋白质构建的结构彻底改变。

▶ 寒武纪大爆发与"演化发育生物学"有何关联？

控制发育过程的一套基因——Hox基因的突变，可能是引发寒武纪大爆发期间动物身体结构彻底变化的原因。这些基因已经在每个主要的动物种群（包括脊椎动物和无脊椎动物）中被找到，所以看起来它们可以被追溯到前寒武纪时期。因此，控制动物胚胎（"发育"）形成的机制在动物群体进化中起到了一定的作用，术语"演化发育生物学"由此产生。

▶ 化石在进化研究中的价值是什么？

化石是许多曾经活着的有机体的保存遗迹或遗体。化石的价值不仅在于提供关于这些动物的结构信息，而且其在地质层中的位置也给研究者提供了解一些罕见样本的年代的方法。

▶ 化石是如何形成的？

化石形成非常难得，因为生物体在死后通常被食腐动物完全吃光或者分解。如果结构保持完整，化石可以保存在琥珀（硬化的树液）、西伯利亚永久冻土、干燥的洞穴或岩石中。岩石化石是最常见的。要形成岩石化石，必须经过三个步骤：1）生物体必须埋在沉积物中；2）身体的硬结构必须矿化；3）化石周围的沉积物逐渐硬化，变成岩石。许多岩石化石在被发现之前要么已经被侵蚀，要么存在于科学家难以到达的地方。

▶ 如何测定化石的年代？

有两种方法测定化石的年代。第一种称为相对年代测定法。通过确定周围岩石的年代，科学家可以给出其中化石的大致年代。岩石可以是依据它们与地面的距离来推测年代，越老的岩石通常离地面越远。也可以使用来自同一岩层发现的其他化石数据，来确定一个新的样本的大概年代。第二种方法称为绝对年代测定法。绝对年代依赖于在已知岩石中的放射性衰变率。通过测量元素，如铀-238的放射性形式与非放射性"衰变"形式之间的比率，科学家们可以确定岩石的形成时间，因为正是在那时获得了放射性同位素。氨基酸在生物体死亡后，也逐渐从一种形式（左旋）转换成另一种形式（右旋），所以它也可以用于估算一些化石的年代。

▶ 为什么化石可能会误导人们？

化石记录偏向于一些常见的生物，它们可能有坚硬的外壳或骨骼结构，而且这些物种持续生存了很长时间。因此，它不能让人类全面了解在过去进化过程中的哪些物种是活跃的。化石同样也不能记录软结构的变化，如肌肉的生长或者新器官系统的形成。

▶ 什么是大规模灭绝事件？

大规模的灭绝是指在一个超过100万年的时间段内，至少60%的生物物种出现灭绝。大规模灭绝由于影响的相对速度和范围被视为生物灾难。这么多物种的消亡，使得幸存的种群可以通过新的方法开拓其适应性，因为无须面对来自其他物种的竞争，幸存者能很好地适应新的环境。

▶ 内共生理论是什么？

真核细胞内的某些细胞器（如叶绿体和线粒体），与细菌有很多的相似之处。正因为如此，科学家们推测早期版本的真核细胞与某些细菌有共生关系：真核生物提供保护和资源，而原核生物将能量（阳光或者化学物质）转化为真核细胞（糖或者ATP）可以使用的形式。"共生"这个词，意义为"共享内部生命"。叶绿体、线粒体和自生细菌之间的相似之处包括：

- 遗传物质：所有染色体含有DNA；
- 蛋白质合成：都有能力合成蛋白质；
- 能量转导：都有能力获取和使用能量进行反应。

▶ 生命之树是什么？

达尔文设想了一棵生命之树，它的树梢代表了现存的物种，而树的底部则是所有物种的共同祖先。当一个物种从树梢向树干移动，将会通过每个物种共同的祖先。这一观点时至今日仍处于争议之中，研究人员正试图确定在地球上生命的进化是如何发生的以及相隔多久。

▶ 达尔文的"温暖的小池塘"是什么？

达尔文认为，地球上生命的起源是一个被阳光温暖的小池塘这样合适的环境。这可以与奥巴林-霍尔丹的电活性甲烷和二氧化碳气体是有机界进化的源头的假说形成对照。

▶ 在地质年代划分的时段发生了哪些生物事件？

表4.1　地质年代中的重要生物事件

时　　期		世　　代	开始时间（以百万年前为单位）	植物和微生物	动　　物
新生代（哺乳动物时代）	第四纪	全新世（近代）	0.01	木本植物的衰落与草本植物的兴起	智人的时代；人类主宰
		更新世	1.81	许多物种的灭绝（第四次冰河时代）	许多大型哺乳类的灭绝（第四次冰河时代）
	第三纪	上新世	5.32	草原的发展；森林衰退；开花植物	大型食肉动物；许多食草哺乳类；第一次找到类人的灵长动物

时　　期	世　代	开始时间（以百万年前为单位）	植物和微生物	动　　物
新生代（哺乳动物时代）	第三纪	中新世　23.8		进化出许多现代哺乳类动物
		渐新世　33.7	森林铺开；开花植物、单子叶植物崛起	猩猩进化；所有现代的哺乳家族进化；上犬齿的猫
		始新世　55	裸子植物与被子植物占据统治地位	哺乳类动物时代的开始；现代鸟类
		古新世　65.5		灵长类哺乳动物的进化
中生代（爬行动物时代）	白垩纪	142	被子植物的崛起；裸子植物衰落	恐龙时代达到顶峰然后灭绝；有齿鸟类灭绝；现代鸟类首次出现；原始哺乳动物
	侏罗纪	205.1	蕨类与普通的裸子植物	大的特化的恐龙类；食虫的有袋目哺乳动物
	三叠纪	250	裸子植物与蕨类主宰	恐龙首次出现；产蛋的哺乳动物
古生代（古生物时代）	二叠纪	292	球果植物进化	爬行动物等现代昆虫；许多古生代无脊椎动物灭绝
	石炭纪（被一些美国学者分成密西西比纪时代和宾夕法尼亚纪时代）	354	蕨类与裸子植物的森林；沼泽；石松类和木贼类植物	古代鲨鱼繁盛；许多棘皮动物；软体动物与昆虫形成；爬行动物首次出现；古代的两栖动物铺开
	泥盆纪	417	陆生植物出现；森林首次出现；裸子植物出现	鱼类时代；两栖动物；无翅昆虫和千足虫出现
	志留纪	440	导管植物出现；藻类统治时代	鱼类进化；海洋蛛形纲动物占据统治地位；昆虫首次出现；甲壳纲动物

时　　期	世　代	开始时间 （以百万年 前为单位）	植物和微生物	动　　物
古生代 （古生物 时代）	奥陶纪	495	海藻广泛发育；陆生植物首次出现	无脊椎动物统治时代；鱼类首次出现
	寒武纪	545	藻类主导	海洋无脊椎动物时代
前寒 武纪	太古代和 元古代	4 000	细菌细胞；原始藻类与真菌；海洋原生动物	在时代末尾出现海洋无脊椎动物
	无生代	4 600	地球的起源	

▶ "胚种论"的概念是谁提出的？

胚种论是指微生物、孢子或细菌附着在微小物质颗粒上遨游太空，最终降落在一个合适的星球，然后在那里开始了生命的起源。这个词本身的意思是"播种"。英国科学家开尔文勋爵（1824—1907）在19世纪提出，生命可能来自外太空，也许是由陨石带来的。1903年，瑞典化学家斯凡特·阿列钮斯（Svante Arrhenius，1859—1927）提出了更为复杂的胚种论概念，认为地球上的生命是由通过地球之外宇宙物质的微小碎片上的孢子、细菌和微生物传递"播种"的。

▶ 人类是如何进化的？

现代人类（智人）的进化被认为起源于一个1.5米高的猎人（能人），能人是被广泛认可的从南方古猿祖先进化而来的人。在更新世（200万年前）开始之前，能人被认为已经转变成直立人，他们能够使用火而且拥有文明。中更新世时期的直立猿人种群，被认为生活在120 000年前至40 000年前。从解剖学上讲，他们已经逐渐进化成智人（尼安德特人、克鲁马努人和现代人类）。前现代智人会建造小屋和制作服装。

> **人类还在进化吗？**

为了让人类继续采用可度量的方式进行进化，我们可以预测这些个体的某些性状的变异（等位基因）必须比那些没有等位基因的人更有效地繁殖后代，因此等位基因的问题在人类中会变得越来越普遍。例如，如果近视的人不大可能产生健康的后代（举个例子，也许他们有可能找不到足够的食物），那么我们认为最终在人群中只有很少的近视者（假设近视具有遗传性）。由于我们人类独有的发明能力，比如眼镜和矫正手术，这些将在不更改基因的状态下抵消遗传程序的效果，所以近视不大可能会从人类群体的基因库中丢失。许多其他的性状也有同样的情况。因此，虽然我们的基因库会随着时间的流逝而改变，但我们并不清楚它是否会朝着一个清晰可度量的方向改变，比如人类身体的进化。

应　　用

> **社会达尔文主义是什么？**

社会达尔文主义是对达尔文-华莱士理论的众多曲解之一。这些理论试图使用进化机制作为社会变革的借口。社会达尔文主义的追随者相信"适者生存"适用于社会经济环境，就像它适用于自然环境一样。按此推理，弱者和穷人都是"不适合的"，应该任由他们在没有社会干预的情况下死亡。这一观点与查尔斯·达尔文和阿尔弗雷德·罗素·华莱士无关，是由赫伯特·斯宾塞（1820—1903）提出，而且和托马斯·马尔萨斯的作品相关。马尔萨斯的著作确实是给予了达尔文等人灵感。虽然作为一种运动，社会达尔文主义逐渐衰落，但它的确促发了纳粹德国的优生学运动，以及二十世纪美国的大量法律和政策的产生。

> **种族是什么？**

"种族"一次最初是用来描述亚种的。然而，人类的遗传分析表明，在地理亚种群（种族）内的遗传变异比在整个人类种群中更大。换言之，在以前被定义

两个兄弟和八个堂（表）兄弟之间的遗传差异是什么？

平均来说，每一个我们的细胞中的基因序列，有50%的机会在我们兄弟姐妹的细胞中也会出现。因此，两个兄弟姐妹可以包含第三个兄弟姐妹序列的所有副本。第一堂（表）亲将有八分之一的相同点。所以，约翰·霍尔丹写道："我将放弃我的生命来拯救我的兄弟？不，但是我愿意救两个兄弟或是八个堂（表）亲。"

为种族的群体中有太多的基因重叠，以至于"种族"一词是毫无意义的，且在生物学上也是站不住脚的。

▶ 亲缘选择是什么？

亲缘选择是自然选择的一种，衡量它成功与否的标志，不仅仅是通过个体的生殖努力（产生多少可育后代），而且还包括近亲属的基因副本的数量。父级和子级，举个例子，平均分享其基因序列的50%。

▶ 分子进化是什么？

分子进化是研究蛋白质和核酸是如何随着时间的流逝而改变的。进化的早期研究基于生物地理学和化石记录。随着科学家开发了研究DNA和蛋白质的技术，进化的研究者也很快跟随了他们的脚步。分子进化涉及两个广泛领域：作用于个体的力量如何影响基因序列和蛋白质（例如，自然选择、性别选择）；整个基因组是如何进化的。

▶ 达尔文医学是什么？

达尔文医学是达尔文主义原理（通过自然选择进行修改）在疾病过程的应

用。依据达尔文的观点,医学研究的目的不在于确定谁是"适者"或健康的,而在于确定什么是进化的基础。身为一种有高度适应性的生物,我们作为一个物种仍然易于患上动脉粥样硬化(血管硬化)、近视或者癌症这样的疾病。

▶ 抗生素的耐药性是一种进化的趋势吗?

抗生素的耐药性是细菌对像青霉素和红霉素这样的药物失去敏感性。从进化的角度来看,它之所以有趣,是因为它证实了进化是实时发生的——人类在一段时间内很容易观察到。细菌群体对抗生素反应的变化类似于达尔文和华莱士所描述的。若一些细菌细胞在不完整的抗生素疗程后存活下来,它们就有了形成一种新的耐药菌株的基础。然而,令人不安的是,不同类型细菌实际上可以共享基因,这些基因使它们都具有同样的耐药性,这种耐药能力会在不同种类的致病微生物之间日渐普遍。

▶ 共同进化是什么?

共同进化是进化的一种罕见形式。根据定义,它需要两个物种适应彼此身上发生的进化变化。这种相互适应的例子就是植物和以它们为食的昆虫之间的共生关系的发展。随着植物防御系统的发展(例如芥菜科植物分泌的化合物),昆虫的反击武器也随之发展了(白菜蝴蝶有新陈代谢的适应性,能够安全地分解这些有毒的化合物)。

▶ 位于加拉帕戈斯群岛的达尔文研究站是什么?

位于加拉帕戈斯群岛的查尔斯·达尔文研究站是一个研究岛屿植物群和动物群的生物野外考察站。它始建于1960年,当时达尔文基金会成立不久。有许多其他组织和个人都提供了很多帮助,但达尔文基金会、联合国教科文组织和厄瓜多尔政府是研究站建设的主要贡献者。

▶ 文化进化是什么?

在我们的基因序列中,智人的历史以其他动物中罕见的事物为标记:文化进化。这种文化进化取代了人类作为一种生物，在分子层面上的变化。文化是一代一代传递下来的，通过改变我们的文化，我们已经能够在不需要改变结构的情况下适应我们的环境。文化进化的一个例子是强调使用肥皂和水来防止疾病。采用这种文化传统对人类群体的存活肯定产生了积极影响，然而在我们这个物种的化石记录中一直没有可见的变化。

▶ 有可能观察到其他物种的进化吗？

在种群中，等位基因频率的变化不断地在我们周围发生，它是由自然选择驱动的。然而，我们是否可以实际观察到这些变化是另一回事。例如，大象可以适应在生长环境中不断变化的条件，但因为它们往往寿命较长，因此我们难以跟随足够的世代来观察这样一种进化的趋势。另一方面，特别是在通过实验操纵的条件下，观察到那些个体生命非常短暂的种群的进化是有可能的。细菌和孔雀鱼是已观察到的随环境条件的变化而不断进化的物种中的两个例子。

▶ 分子钟是什么？

分子钟基于这样一种假设：一种核苷酸替代另一种核苷酸的随机突变，其发生速率是线性的。通过比较两个物种之间的核苷酸替换次数，科学家可以估算从它们与它们最近的祖先共享该序列以来所经过的时间。

 ▸ 艾滋病毒最早何时出现在人类中？

分子钟方法被用于估算引起艾滋病的HIV病毒出现的最早日期大约是在何时。通过对现在样品的反向研究，确定了这种病毒的平均突变率，研究人员估计艾滋病毒最早出现在人类大约是在20世纪30年代。

▶ 达尔文奖是什么？

这是一个以"达尔文奖"之名广受欢迎的奖项，其实是一个搞笑性质的奖项，追授给那些通过把毁灭自我、把自己的基因从人类基因库中抹去，以提高人类基因库质量的人。

▶ 华莱士奖是什么？

2004年，国际生物地理学会为纪念这位将一生投入生物地理学的科学家，设立了阿尔弗雷德·罗素·华莱士奖。

▶ 行为是如何进化的？

如果行为具有遗传基础，某些行为比其他行为能提供更大的繁殖优势，那

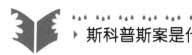

▶ 斯科普斯案是什么？

约翰·T.斯科普斯（John T. Scopes, 1900—1970），一位高中生物老师，在1925年因为讲授进化理论而被田纳西州法庭审判。他挑战田纳西州立法机关通过的法律，这条法律认定在该州的公立学校讲授否认人由神创造的理论是违法的。斯科普斯被判有罪并获刑，但这个判决在1967年这条法律被废止后撤销。

在21世纪初，学校董事会承受的压力还在影响着进化论的教学。反进化论者要么试图禁止进化论的教学，要么要求用相同量的课时来讲授《创世记》中描述的"神创论"。这就产生了许多问题，包括政教分离、在公立学校教授有争议的学科，以及科学家与公众沟通的能力。化石记载的逐步完善、比较解剖学的研究成果增多，以及生物学领域的许多其他发展，为进化论的逐步为大众接受做出了贡献。

么这些基因将在人群中变得更为常见。因此，虽然行为可以进化，但是事实上基因是不断进化的行为的源头。

▶ 红皇后假说是什么？

这一假说，也称为"恒定消亡定律"。"红皇后"之名出自刘易斯·卡罗尔所著的《爱丽丝镜中奇遇记》。书中的红皇后对爱丽丝说，"在这个国度中，必须不停地奔跑，才能使你保持在原地"。这个概念是说，一个物种的逐渐进化，意味着所有其余物种生存环境的恶化。迫使其他那些物种不断进化的目的就是不落后，防止被淘汰。

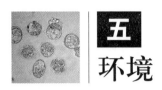

五 环境

环境周期及相关概念

▶ 什么是盖娅假说？

盖娅假说（以古希腊的大地女神盖娅命名）是有一种争议的学说，它认为世界是一个能够自我维护和自我调节的独立生命体。这个学说由詹姆斯·罗夫洛克（James Lovelock，1919—　）和林恩·马格里斯（Lynn Margulis，1938—2011）在1974年提出。许多科学家认为它是一个有用的类比，但却很难通过科学来验证的理论。

▶ 为什么会有季节？

季节的形成有两个因素：1）地球和地轴间的倾角；2）地球与太阳之间的距离。

▶ 什么是气候，其特点是什么？

气候是指一个地区的多年天气状况，主要是基于长期平均气温。气候在几十年、几百年、几千年来经常表现为周期性变化，但很难预测未来的气候变化。气候图总结了气温、降水、干/湿季节长度以及特定温度范围在一年中所占比例等的季节性变化。天

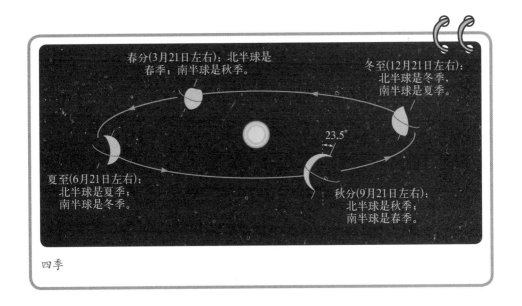

四季

气和气候是重要的,因为它们是生物群落和生态系统的决定性因素。

▶ 什么是小气候?

如果你注意到当地媒体的气温预报中,这一地区始终比相邻地区更温暖或更寒冷,那就说明你辨别出了小气候。由于海拔、植被或其他因素的变化,即使在一个生物群系内,光照、温度和湿度都会因区域不同而异。

▶ 厄尔尼诺现象是什么?

大约每年的公历年年底,一股营养贫乏的热带暖流,取代了寒冷且富含营养的表层水,沿着南美洲的西海岸向南移动。因为这种情况经常发生在圣诞节前后,当地居民称之为厄尔尼诺(El Niño,在西班牙语中的意思"孩子"),指代基督的孩子。在大多数年份里,这股暖流仅持续几个星期。然而,如果厄尔尼诺状况持续数月,就可能在经济方面产生灾难性的后果。这种极度温暖的水流的延长事件,现在被科学家们称为厄尔尼诺现象。在严重的厄尔尼诺现象期间,可能会有大量的鱼类和海洋植物死亡。死后所余的物质的分解会耗尽水中的氧气供应,从而导致细菌繁殖产生大量臭硫化氢。鱼类(特别是凤尾鱼)的收获量大大降低,影响世界鱼粉供应,导致通常以鱼粉为食的家禽和其他动物的价格升高。凤尾鱼和沙丁鱼也是海狮和海豹等海洋哺乳动物主要的食物来源。当食物来源短缺时,这些动物会离家远行,寻找食物。不仅很多海狮和海豹会饿死,而且幼兽也会大批死亡。受厄尔尼诺现象的影响,1997—1998年的冬季成为自1895年以来的第二温暖和第七多雨的冬季。灾难性的天气事件包括美国东南部的洪水、东北地区的冰风暴,加利福尼亚州的洪水和佛罗里达州的龙卷风。1997—1998年的这些事件间接造成2 100人死亡,全球损失约为330亿美元。

▶ 生态系统中的限制因素是什么?

限制因素是制约有机体生态位的任何环境因素。限制因素是基于供求规律的。这些供给小于需求的因素(资源)可以影响物种在一个群落内的分布。限制因素的例子包括土壤、矿物质、极端温度和水资源的可用性。

▶ 雨是从哪里来的?

太阳能驱动风使海洋表面的水蒸气蒸发。水蒸气在上升过程中逐渐冷却,然后以雨、雪或其他形式的降水落到了地面。雨是水循环的一部分,展现了水生环境的动态变化。

▶ 什么是水循环?

水循环发生在水圈中,水圈包含大气中和地球表面所有含有水分的区域。水循环涉及五个阶段:冷凝、入渗、径流、蒸发、降水。

▶ 什么是生物地球化学循环?

生物体最需要的元素(碳、氮、磷、硫)能够在物理环境中循环,也就是生物体中,然后再回到环境中。每种元素都有一种独特的循环,循环的方式取决于该元素的物理和化学特性。以生物地球化学循环为例,它包括碳、氮循环，这两种元素都有显著的气态相。含有显著地质相的生物地球化学循环的例子包括磷和硫，这两种元素的很大一部分可能存储在海洋沉积物中。显著的大气相循环的例子有碳和氮。

▶ 什么是碳循环？

为了生存，每个生物体必须能够获得碳原子。碳元素占生物体干重的49%左右。碳循环即碳从气态（大气中的二氧化碳）到固态（活的生物体中的含碳化合物），然后又通过分解回到大气中。大气层是最大的碳存储器，包含32%的二氧化碳。陆地上的生物过程使碳元素在气态与固态之间转换，通过光合作用移除大气中的二氧化碳，细胞通过呼吸作用释放二氧化碳到大气中。

▶ 植物如何获得氮元素？

植物获得氮化合物的主要方式是通过氮循环，这涉及几种不同类型的细菌参与的一系列反应，包括固氮细菌和反硝化细菌。在固氮过程中，与豆科植物根系共生的共生菌，可通过一系列的酶促反应，使氮被植物利用。氮对所有生物至关重要，因为它是蛋白质和核酸的组成部分。虽然地球的大气层中79%是氮，但是氮气分子非常稳定，不易与其他元素结合。植物必须使用固化形式的氮，如氨、尿素或硝酸根离子中的氮。

生物群系及相关概念

▶ 什么是生物地理学？

生物地理学研究单个物种在特定的环境中过去和现在的分布情况。第一位生物地理学家是卡尔·林奈，一位研究植物分布的瑞典植物学家。生物地理学专门研究特定生态系统中生物的进化、灭绝和扩散的问题。

生物群系的一般特征是什么？

生物群系是世界的重要生态系统之一，以对特定的环境有特别的适应性的植被和生物体为特征。

表5.1　生物群系概要

生物群系	温　度	降　雨　量	植　被	动　物
北极苔原	-40℃～18℃	旱季,雨季	灌木,草,地衣,薛类植物	鸟类,昆虫,哺乳动物
阔叶林	夏季温暖,冬季寒冷	少,降雨分布于全年	树木,灌木,草本植物,地衣,薛类植物	哺乳动物,鸟类,昆虫,爬行动物
沙　漠	最炎热,气温每日变化范围大	最干燥,年降雨量低于250毫米	树木,灌木,肉质植物,阔叶杂草	鸟类,小型哺乳动物,爬行动物
针叶林	冬季寒冷,夏季凉爽	中　度	常绿植物,落叶松	鸟类,哺乳动物
热带雨林	炎　热	雨季,短暂的旱季	树木,藤本植物,寄生植物,真菌	小型哺乳动物,鸟类,昆虫
热带草原	炎　热	雨季,旱季	高茎禾草,灌木,树木	大型哺乳动物,鸟类,爬行动物
温带草原	夏季温暖,冬季寒冷	季节性干燥,偶尔着火	高茎禾草	大型哺乳动物,鸟类,爬行动物

什么是渐变群？

渐变群指由气候特征的梯度变化而引起的地理变异。例如,南北梯度可能包括温度变化、植物的"南高北低"现象等。

树木如何从岩石中长出来？

如果你整个夏天都没有打理你的草坪,最终草坪将会变成一片杂草地。随着时间的推移,观察到的群落结构的变化称为生态演替。当这种演替从此前未被其他物种占据或改变的区域开始时,这种过程称为原生演替。实际上树木不能从光秃秃的岩石中发芽,但是它能够从岩石缝里少量的土壤和碎屑中开始生长。随着时间的流逝,树木可能会长势良好,足以将其根须深入岩石中去。如此,树木看上去就像是从岩石内部长出来的而不是长在岩石表面。

▶ 什么是湿地?

湿地是指一年中至少有一部分时间内被水覆盖的区域,它有独具特色的土壤和耐水植物。湿地的例子包括沼泽、泥沼、泥塘和河口湾等。

表5.2 湿地类型与其典型特征

湿地类型	典 型 特 征
沼 泽	柳、柏树和红树林等树种
泥 沼	香蒲、芦苇、野生稻沼等草类
泥 塘	包括藓类植物和蔓越橘等浮游植被
河口湾	有特定适应性的植物群和动物群,如甲壳类动物、水草和某些类型的鱼

▶ 什么是河口湾?

河口是淡水河溪与大海交汇的地方。这些地区的盐度低于海域,但高于一般的河流,所以生长在河口或靠近河口的生物都有特殊的适应性。河口盛产蛤蜊、虾、蟹和鱼类(条纹鲈鱼、鲻鱼和鲱鱼)等无脊椎动物。然而,河口也是人类居住和商业化设施的热门地点。航运、家庭污染物和发电厂(通过河流和小溪流入大海)造成的污染威胁着许多沿海河口地区的生态健康。

▶ 什么是水体富营养化?

水体富营养化是湖泊或池塘中植物养分供应增加的过程。水体富营养化最终将使水流经的土地因植物过度生长而变干。从土壤中冲刷出的天然肥料加速植物的生长,造成植物过度拥挤。随着植物相继死去,死亡及腐烂的植物耗尽湖中的氧气供应,造成鱼类死亡。累积的死亡植物和动物尸体最终会使湖泊变浅,

营养物质

热污染

植物茂密的
岸线

湖沼区：高密度的营养物和浮游生物

深水区

底栖区
填充湖床的沉积物

淤泥、沙子和泥土水底

水体富营养化湖泊的结构

然后形成一片沼泽，最终干涸。虽然水体富营养化是一种自然过程，但是人类活动大大加速了这一过程。农业废料、工业废料和厨余垃圾等都是加速这一过程的原因。

▶ **什么是湖沼学？**

湖沼学是研究淡水生态系统（尤其是湖泊、池塘和溪流）的学科。这些生态系统比海洋环境更加脆弱，因为它们更容易遭受急剧变化的温度影响。湖沼学研究包括这些水体的化学、物理和生物学特征。瑞士学者F.A.福莱尔（F. A. Forel，1848—1931），被称为"湖沼学之父"。

▶ **湖泊变成棕色或蓝色代表了什么？**

当一个湖泊变成棕色时，通常表示它正在变得富营养化。这一进程通常归咎于农业径流或工业径流，使营养成分添加到水中，引起湖泊的过早"衰老"。

因为有丰富养分的供应,蓝绿色的海藻开始替代湖中的绿色海藻,湖中的食物网被打破,最终导致渔获量减少。当湖泊变成蓝色时,这通常意味着湖泊已被酸雨破坏。因暴露于酸雨中使pH逐渐下降,导致食物网遭到破坏,结果大多数生物死亡。最终后果是形成澄清水,这也反映了湖泊的低生产力。

▶ 什么是赤潮?

有毒的红色沟鞭藻(裸甲藻属和膝沟藻属的成员)数量暴涨时,就会发生赤潮。这种数量激增,被称为"水华",可能将水染成橙色、红色或棕色,而且可能对贝类、鸟类以及食用了被赤潮污染的食物的人造成毒害。

▶ 什么是群落?

设想一下,你不仅想研究生活在你家后院的麻雀,还想研究它们喂给自己孩子的昆虫和它们吃的植物。生态学家用于描述一组在同一时间居住于同一地点的不同物种的种群的术语是"群落"。这是一种描述可能受到当地环境变化影响的生物的简明方式。

▶ 什么是生态位?

生态位类似于在给定的物种内的一个种群的工作说明。然而,它并非描述个体将会工作多少小时,而是描述该物种在夜间或白天是否处于活动状态,吃什么,住的地方和日常生活的其他方面的特征。从一种环境(或群落)到另一种环境,生态位可能因物种面临的竞争大小而异。

▶ 两个群体可以占用相同的生态位吗?

根据生态学家G.F.高斯(G. F. Gause, 1910—1988)的理论,两个物种直接竞争同一资源,如果这种资源在某些方面是有限的,那么这两个物种是不能共存的。高斯等人的研究认为,在这种条件下,一个物种将导致另一个竞争性的物种在当地灭绝。

▶ 食物链和食物网的区别是什么？

食物链是指群落内能量从生产者到食草动物，再到食肉动物的传递。食物链的一个例子是，小鱼吃浮游生物，而这些小鱼又会被更大的鱼吃掉。术语"食物网"范围更广泛，因为它包括一个特定的生态系统中的相互关联的食物链（或许更大的鱼也吃浮游生物）。食物网描述了生态系统的营养状况。1927年，查尔斯·埃尔顿（Charles Elton，1868—1945）成为最早绘制食物网的科学家，他用图描述了北极的熊岛上的食物关系。

▶ 营养级是什么？

营养级代表了生态系统中能量发生动态流动的一个步骤。第一营养级由生产者组成，这些生物是生态系统内部的，可以从外部源（比如太阳或深海热源喷口）获取能量并且稳定或"固定"它们，使能量留在系统内部。第二营养级包括那些消费生产者的生物，它们也被称为初级消费者。下一级别将包含二级消费者（那些消耗初级消费者的消费者）等，以此类推。由于每个级别可获得的能量数量有限，这些营养金字塔很少超过第三或第四层结构。R.林德曼（R.Lindeman，1915—1942）是最早提出生态系统"营养动力学"概念的生态学家，他于1942年提出了这一概念。

▶ 关键物种是什么？

关键物种是对生态系统的群落结构至关重要的物种。最初，人们一直认为最重要的物种是像灰狼这样的顶级捕食者。科学家发现，环境中狼群的规模不仅影响它们的猎物数量，也影响其他物种的数量。然而，一个更新的观点认为，有些不太显眼的物种也是非常重要的，因为生物群落中的所有物种都是相互关联的。其他关键物种的例子包括海星（如在华盛顿州海岸发现的海星），以及草原生态系统中的黑尾草原土拨鼠。海星以蚌类为食，并防止贻贝过多而挤占其他物种的生存空间。草原土拨鼠是大型食肉动物的重要食物来源，其穴居生活方式可以疏松土壤；它的洞穴还可以成为其他动物的家。

▶ 动物会把能量耗尽吗？

任何特定的营养级的动物可获得的能量数量，受到其营养级别与初级生产者能力之间差距的限制，所以动物仅仅可以从它们的栖息地获得有限的能源。因此，在进化的过程中，物种会做出妥协，它们选择按照能最大限度利用有限资源的生活方式生存，在能量预算许可范围内进行繁殖、生长和维持（代谢）等活动。虽然用于生长和繁殖的能量仍然以生物量的形式保留在系统中，但是用于维持代谢的能源以热量的形式损失掉了。

▶ 最有效率的动物是什么？

效率可能通过各种方法来评定，因此很难挑选出"最有效率"的动物。例如，小动物往往不如大动物在维持代谢反应时所需的热量更有效率。相反地，许多小动物在繁殖方面更有效率（比较一只蟑螂与一头大象的繁殖能力！）。因此，确定不同的动物的相对效率取决于选择哪些属性用于测量/评估。

▶ 什么是生产者和消费者？

"生产者"和"消费者"是用来描述物种在生态系统内扮演的不同角色的术语。生产者是那些"固定"能量的物种，它们从资源中获取能量并将其转换为生态系统中其他动物（消费者）可以获得利用的能量形式（生物量）。消费者级别按照对生产者作为其主要能量来源的依赖程度进行编号。因此，初级消费者是那些严重依赖于生产者的消费者，而第二级和第三级（甚至第四级）消费者利用其他消费者作为其首选的能源来源。

▶ 什么是"生态金字塔"？

如果食物链中的生物按营养等级来排列，它们会形成一个金字塔，宽宽的基底代表初级生产者，通常只有少量个体在金字塔的最高部分。像"数字金字塔"一样著名，生态金字塔是描述生态系统中不同层级的能量、生物量、个体分布的一种方式。

▶ 为什么生态系统需要分解者？

虽然能量只通过一个方向流经生态系统，在生产者层级进入，并以热和能量（如生物量）传递给消费者的形式流出，但是化合物仍可以一遍又一遍地被重复利用。在一个运转良好的生态系统中，一些生物体通过分解化合物的结构和循环再利用化合物得以生存（其生态位），这些生物体被称为分解者。如果没有分解者，那么用于生成一棵树的化合物将永远被锁定在林木的生物量中，而不是在这棵树死后回归土壤。从这片土壤中将产生新的生长，再一次开始循环。

▶ 什么是顶级群落？

陆地生物群落通过一系列的阶段，从裸露的泥土或岩石迁移到成熟树木的森林。这个过程的最后阶段称为"顶级群落"，因为人们认为，如果不被打扰，群落能永久地保持在那个时期。然而，最近更多的研究表明，顶级群落可能只是这些群落在演替阶段连续循环中的一部分。

▶ 为什么大而凶猛的动物数量较少？

因为能量在个体之间的传递效率很低。实际上，一只美味的虫子的能量中，只有10%左右传递到吃它的饥饿的知更鸟身上。当我们在食物网的层级中水平迁移，每个捕食者（或捕食者团体）都倾向于比之前的层级变得更大和更有攻击性（更凶猛）。然而，每个层级可获得的总能量供给逐级下降，所以食物链顶端只为大而凶猛的捕食者提供了极小空间，供其消费其他所有剩余的能量。事实上，通过光合作用带进系统的能量，据估计仅有千分之一能到达系统的顶部（如鹰或猫头鹰等）。可用能量越少，意味着能支撑个体越少，所以大而凶猛的动物在生态系统中往往比较罕见。

▶ 动物会互相帮助吗？

在一个环境中，生物种群之间可能有各种各样的关系。例如，在互利共生的关系中,每个物种为对方提供了利益。互利共生可以发生在两个物种之间,像大型珊瑚礁鱼类与较小的物种濑鱼,濑鱼游进大型珊瑚礁鱼类的口中,吃掉居住在那里的寄生虫。共生关系还会使得豆类植物长得更好,因为它们会与生活在自己的根部的根瘤菌交换营养。

▶ 什么是种群?

种群是由在一个特定时期生存在特定地理区域的同一物种所有成员组成的团体。例如,居住在某个城市公园的所有灰松鼠就组成了一个种群。种群占据的面积,既可以小到像腐烂苹果上细菌滋生的微小区域(以平方毫米来计量),也可以大到像大型哺乳动物抹香鲸之类活动的广袤海域(以平方千米来计量)。种群生态学研究种群内的结构和变化,是生态学的分支。对特定种群的研究将会反映出种群的动态是处于积极、持续的增长,还是处于正在衰退的阶段,抑或是处于稳定状态。

▶ 谁是用数学方法研究种群的第一人?

1798年,托马斯·马尔萨斯试图告知人们,人类种群就像任何其他种群一样,都有成倍增长的潜力。马尔萨斯预测人口的增长速度将超过土地产出粮食的能力,但是他的观点没有被多数人接受。他的研究成果后来被查尔斯·达尔文用来解释自然选择的理论。

▶ 什么是生存曲线?

生存曲线可以反映一个种群中的个体存活时间是多久。有三种不同类型的曲线。在Ⅰ型曲线中,年轻个体有很高的生存率并且往往长寿。这条曲线的例子可以见于居住在阿拉斯加州德纳利山国家公园的达尔羊。人类的生存曲线也属于该类型。在Ⅱ型曲线中,个体在整个生命周期有相对恒定的死亡率。这种曲线常见的范例是美国知更鸟。Ⅲ型曲线是那些年幼个体的数目很多,但幼年时期死亡率很高,在生命后期致死率却较低的种群。这种生存曲线的例子可以在龙虾和螃蟹中发现。

▶ 什么是生活史表？

生活史表，也称为生命表，是显示特定种群或生物的存活率和死亡率的表格。生活史表是仿照保险公司使用的精算表格设计出来的。

▶ 人能预测种群将如何生长吗？

当种群增长处于最大速率，数学模型可以预测其增长。有两种不同的模式：线性增长与指数增长。在种群个体呈线性增长时，种群数量增长是周期性的，受环境中的限制因素的影响。例如，昆虫的种群数量有限，是因为受到可提供的食物量的限制。指数增长是指单位时间内以恒定速率的增长，用来模拟无限环境中种群数量的不断增长。指数增长的一个例子是，感恩节晚餐后未冷藏的剩余火鸡上，细菌成倍增长的状况。

▶ 旅鼠为什么会奔向大海？

旅鼠是一种啮齿类动物，它的"瘟疫"似的行为已经被研究了几十年。大约每隔四年，加拿大的旅鼠种群就会扩增到一个临界点，那时当地的皮草商人或许就会描述苔原上满是这些小型棕色老鼠。事实上，种群密度可以从某些年每公顷（1公顷约为0.01平方千米）少于20只，在短短一年里猛增到每公顷200只。令科学家感到费解的是，虽然有可能亲自观察这个种群繁殖的爆炸式增长，但是增长和快速衰落（在几个月内数量迅速跌落）的推动力尚未确定。尽管已被证明，这样的爆炸式增长会导致可用食物的过度消费，但仍没有证据表明这种过度拥挤是导致旅鼠如同自杀般（甚至是极度渴望地）大批冲进大海的原因。相反，旅鼠的迁移是以小团体夜间集体旅行的方式慢慢开始，这样到白天就可以集结起更大的群体旅行。它们倾向于避开水，但如果有必要它们会游泳：旅鼠可以在一个宁静的夜晚穿越长达200米的水域，但在风大的夜晚，它们中的大多数都会被淹死。

▶ 为什么夏天会有那么多的苍蝇？

物种在生活中为取得成功，可采取两种基本策略：或专注于使它们在盛衰周期内获得对环境的适应性，或集中努力利用短期机会获取成功。利用这两种策略的物种有不同的名称，分别是机会物种和平衡物种。机会物种迁入新开辟的栖息地尽情地迅速繁殖。例如，蒲公英遍布春天的草地。机会物种的常见例子还有蚊子和苍蝇等昆虫，它们保留自己的生殖努力以便利用栖息地的有利变化，比如大雨或新近的车祸留下的动物尸体。在条件合适时，这些物种就会从几近灭绝一跃转为爆炸式增长。这也就是夏天苍蝇数量激增的原因。

已灭绝和濒临灭绝的动植物

▶ 如何衡量生物多样性？

生物多样性是指生态系统内，甚至在整个地球上所呈现的物种的广度。生物多样性可以从三个层次上定义：遗传多样性、物种多样性和生态系统多样性。遗传多样性是指同一物种的不同种群间或者一个种群内的基因多样性。物种多样性也可称为物种丰富度。换句话说，一个栖息地内有多少不同的物种？最后，衡量生态系统多样性是试图记录不同类型栖息地的物种损失情况。这反过来又使科学家了解到，在给定时间内什么类型的物种正在走向灭绝。

▶ 濒危物种和渐危物种的区别是什么？

濒危物种是指在其活动范围内或者大部分地区内濒临灭绝危险的物种。渐危物种是一种在可预见的将来，有可能变得岌岌可危的物种。

▶ 恐龙和人类曾经共存过吗？

没有。恐龙最早出现在三叠纪时期（约2亿2 000万年前），消失在白垩纪（约6 500万年前）的末期。现代人（智人）大约出现在25 000年前。人类与恐龙共同存在的电影都仅仅是好莱坞的幻想。

▶ 最后一只候鸽是什么时候死去的?

200年前,候鸽(又称为旅鸽、漂泊鸠)一度是世界上数量最多的鸟类。虽然这个物种只在北美东部被发现,但它的种群数量有30～50亿只(占北美陆地鸟类总数的25%)。过度捕猎引发了一连串的事件,使它们的数量低于最低生存阈值。19世纪90年代,美国的几个州通过了保护这种鸽子的法律,但为时已晚。最后一只已知的野生候鸽于1900年被射杀。1914年9月1日,最后一只候鸽,名叫玛莎,死于辛辛那提动物园。

▶ 渡渡鸟是如何灭绝的呢?

渡渡鸟在1800年左右灭绝。成千上万的渡渡鸟被宰杀吃肉,但是猪和猴子破坏了许多渡渡鸟的鸟蛋,它们大概是最应该为渡渡鸟的灭绝负责的。渡渡鸟原产于印度洋中部的马斯卡伦群岛。1680年后毛里求斯的渡渡鸟消失了,大约1750年留尼旺岛的渡渡鸟也消失了。在1800年之前,在罗德里格斯岛上仍然有渡渡鸟存在。

▶ 非洲大象现在处于什么状态?

从1979年到1989年,偷猎和非法象牙贸易使非洲大象数量减少了一半,大象种群数量估计由130万降低到60万只。根据《濒危野生动植物种国际贸易公约》(CITES),非洲大象在1989年10月由渐危状态转变成濒危状态。象牙禁令于1990年1月18日起生效。博茨瓦纳、纳米比亚和津巴布韦已同意将象牙交易限制在各个国家唯一的由政府控制的交易中心里,并进一步承诺允许独立监管销售、包装和运输过程,以便确保符合所有条件。上述三国还承诺,所有象牙出售所得的净收入都将定向返还到大象保护中,如支付监管、研究、行政执法和其他管理费用,或支持以社区为基础的大象保育计划。

▶ 如何避免购买濒危物种制成的物品?

1975年《濒危野生动植物种国际贸易公约》禁止濒危物种贸易。野生动物贸易监控网络（TRAFFIC）建议游客明智购买。虽然在某些热门的旅游地点购买这种产品可能是合法的，但把这些物品带回家往往是非法的，或者可能需要许可证才能将这些物品带回家。游客应提前查阅TRAFFIC指南中关于特定国家的法律法规。

▶ 美国有多少种动植物是渐危物种或濒危物种?

美国渔业与野生动物管理局公布的美国濒危物种的总数为990种（其中，动物391种，植物599种），渐危的本土物种的总数是275种（其中，动物128种，植物147种）。

表5.3　物种情况总结：2004年6月22日提出的物种恢复计划

组　　别	濒危的美国本土物种	濒危的外来物种	渐危的美国本土物种	渐危的外来物种	物种总数	恢复计划中的美国本土物种
哺乳动物	69	251	9	17	346	55
鸟　类	77	175	14	16	272	78
爬行动物	14	64	22	15	115	33
两栖类动物	12	8	9	1	30	14
鱼　类	71	11	43	0	125	95
蛤　类	62	2	8	0	72	69
腹足类	21	1	11	0	33	23
昆虫类	35	4	9	0	48	31
蛛形纲动物	12	0	0	0	12	5
甲壳类动物	18	0	3	0	21	13
开花植物	571	1	144	0	716	577
松柏类植物和苏铁类植物	2	0	1	2	5	2
蕨类植物	24	0	2	0	26	26
地衣类植物	2	0	0	0	2	2
总计	990	517	275	51	1 823	1 023

▶ **在1973年美国通过《濒危物种法》后有哪些物种灭绝？**

表5.4 七种美国国内已经灭绝的物种

列入名单日期	移除（声明灭绝）日期	物种名称
1967.3.11	1983.9.2	加拿大白鲑（长颌白鲑）
1980.4.30	1987.12.4	得克萨斯食蚊鱼
1976.6.14	1984.9.1	辛普森氏育珠蚌（沙氏前嵴蚌）
1967.3.11	1983.9.2	大眼蓝鲈
1970.10.13	1982.1.15	秀丽鳉（内华达鳉）
1967.3.11	1990.12.12	海滨灰雀（暗淡海蝇鹀）
1973.6.4	1983.10.12	圣塔芭芭拉歌雀（圣芭芭拉鸣雀）

▶ **有没有一些物种得到恢复并且从濒危物种名单上去除？**

有一些物种已经从濒危物种名单中移除，因为它们的数量有所回升。

表5.5 一些从濒危物种名单上移除的物种

列入名单日期	移出名单日期	物种名称
1967.3.11	1987.6.4	美洲短吻鳄（密河鳄）
1970.6.2	1985.9.12	帕劳地鸠（灰额鸡鸠）
1970.6.2	1999.8.25	美国游隼（游隼）
1967.3.11	2003.7.24	哥伦比亚白尾鹿（弗吉尼亚鹿）
1970.6.2	1994.10.5	北极游隼
1970.6.2	1985.9.12	帕劳扇尾鹟
1967.3.11	2001.3.20	阿留申白颊雁（阿留申黑额黑雁）
1974.12.30	1995.3.9	大灰袋鼠（东部灰大袋鼠）
1974.12.30	1995.3.9	红大袋鼠（赤大袋鼠）
1974.12.30	1995.3.9	西部灰大袋鼠
1978.4.26	1989.9.14	里德伯紫云英
1970.6.2	1985.9.12	帕劳角鸮（帕劳阿劳鸮）

列入名单日期	移出名单日期	物 种 名 称
1970.6.2	1985.2.4	棕色鹈鹕（褐鹈鹕，生活于美国亚特兰大海岸）
1970.6.2	1994.6.16	灰鲸（东太平洋灰鲸）
1990.7.19	2003.10.7	胡佛棉星花

美洲短吻鳄于1987年从濒危物种名单中移出

资源保护、循环利用及其他应用

▶ **谁被认为是现代环保理论的创始人？**

美国博物学家约翰·缪尔（John Muir, 1838—1914）是现代环保之父以及峰峦俱乐部的创始人。他为保护加利福尼亚州内华达山脉和创建约塞米蒂国家公园而努力。他领导了塞拉俱乐部大部分的环保工作，并且是《文物保护法案》的大力游说者。这个法案禁止从联邦土地上拆除或者破坏具有重大历史意义的建筑物。另一个对现代环保理论有巨大影响的人是乔治·珀金斯·马什（George Perkins Marsh, 1801—1882），他是佛蒙特州的一名律师。他的著作《人与自然》（*Man and Nature*）着重指出过去文明的过错导致对自然资源的破坏。随着十九世纪的最后三十年席卷全美的环保运动的进行，一大批有识之士加入，为保护自然资源和荒野地区而努力。作家约翰·巴勒斯（John Burroughs, 1837—1921）、林务员吉福德·平肖（Gifford Pinchot, 1865—1946）、植物学家查尔斯·斯普拉格·萨金特（Charles Sprague Sargent, 1841—1927）和编辑罗伯特·安德伍德·约翰逊（Robert Underwood Johnson, 1857—1937）都是环保主义的早期倡议者。

美国游隼是一个受保护成功的案例，它的总数已经恢复到足以让它在1994年被从濒危物种名单中移出。然而该物种的局部种群仍然是濒危物种

▶ 谁发起了世界地球日？

应来自威斯康星州的美国参议员盖洛德·尼尔森（Gaylord Nelson, 1916—2005）的要求，1970年4月22日，在丹尼斯·海耶斯协调配合下，第一个地球日开始了。有时尼尔森被称为"世界地球日之父"。他的主要目标是组织一个全国性的公众示威活动，它的规模大到可以引起政界的注意，以将环境问题纳入全国的政治对话。第一个地球日活动后不久，开展了一系列重要的官方行动：建立环境保护署（简称EPA）；设立环境质量总统

理事会;通过了《清洁空气法案》,它建立了美国国家空气质量标准。1995 年,因对环境保护运动的贡献,盖洛德·尼尔森获得总统自由勋章。

▶ 亨利·大卫·梭罗与环境有什么联系?

亨利·大卫·梭罗(Henry David Thoreau, 1817—1862)是一名来自新英格的作家和博物学家。他最为人熟悉的作品——《瓦尔登湖》,描述了他在马萨诸塞州的瓦尔登湖附近的小木屋里度过的时光。他也是第一个因写作和演讲森林演替而享有盛誉的人。他的作品,同约翰·缪尔等人的作品一起,曾激励许多人了解并保护自然世界。

▶ 美国的第一座国家公园是什么?

1872 年 3 月 1 日,尤利西斯·S.格兰特(Ulysses S. Grant)签署一项国会法案,将黄石国家公园设立为第一座国家公园。这一举动引发了一场世界性的国家公园运动。

▶ 美国最大的五个国家公园是什么?

表5.6　美国最大的五个国家公园

公　园	地　点	面积(英亩)*
兰格尔-圣伊利亚斯国家公园	阿拉斯加	7 662 670
北极之门国家公园	阿拉斯加	7 266 102
德纳里国家公园	阿拉斯加	4 724 787
卡特迈国家公园	阿拉斯加	3 611 608
死亡谷国家公园	加利福尼亚	3 291 779

*:1英亩约等于4 046.86平方米。

▶ 美国已经失去了多少湿地?

从殖民时期到20世纪70年代,美国已经失去了大约4 000万公顷(40万平方千米）的湿地。由于获得水资源对工业发展非常重要，因此，许多城市都建在包含湿地的地区。在城市化过程中，湿地被排干水、填充，或用作垃圾场。每块湿地都是许多不同的植物和动物的栖息地，在作为产卵和繁殖栖息地方面有重要的意义。《湿地恢复法案》（HR1474，1990年11月29日颁布）要求，向美国水域排放疏浚或填充材料的任何人必须拥有陆军工程兵团许可证。这一法案是为了维护湿地内部的复杂生物群落。湿地是介于水陆之间的区域，比如泥塘、沼泽、浅沼以及沿海水域。尽管湿地一度被视为荒地，但科学家们现在已经认识到湿地在改善水质、稳定水位、防止洪水、调节侵蚀和维护生物多样性等方面的重要性。

▶ 雨林的重要性是什么？

全世界处方药中有一半最初都是从野生产品中提取的，并且美国国家癌症研究所已确定热带雨林中有超过2 000种植物有抗癌潜能。橡胶、木材、树胶、树脂和蜡、杀虫剂、润滑剂、坚果和水果、香料和染料、类固醇、乳液、精油和食用油以及竹子等都在深受热带雨林枯竭影响的产品之列。此外，雨林会极大地影响热带地区的雨水沉积模式：雨林越小，意味着降水量越少。那些生长在雨林里的大的植物群落，也有助于控制大气中二氧化碳的浓度。

▶ 森林砍伐的速度有多快？

农业、过度砍伐和火灾是森林面积减少的主要原因。

表5.7　1990、2000年森林面积对比

地　区	森林总面积（1990年，千公顷*）	森林总面积（2000年，千公顷）	年度变化（千公顷）	年变化率（百分数）
非　洲	702 502	649 866	-5 262	-0.8
亚　洲	551 448	547 793	-364	-0.1
欧　洲	1 030 475	1 039 251	881	0.1
北美洲和中美洲	555 002	549 304	-570	-0.1
大洋洲	201 271	197 623	-365	-0.2

地　　区	森林总面积 （1990年,千公顷*）	森林总面积 （2000年,千公顷）	年度变化 （千公顷）	年变化率 （百分数）
南美洲	922 731	885 618	-3 711	-0.4
世界总量	3 963 429	3 869 455	-9 391	-0.2

*: 1公顷约为0.01平方千米。

▶ "斯莫奇熊"何时第一次被用作鼓励森林防火工作的吉祥物?

　　"斯莫奇熊"的起源可以追溯到第二次世界大战期间,当时美国林务局为维持稳定的木材供应以便为战事服务,希望让公众了解森林火灾的危害。他们从战时广告委员会寻求广告宣传方面的志愿者,所以在1944年8月9日,著名的动物插画家阿尔伯特·施特勒(Albert Staehle)创作了"斯莫奇熊"。自1944年以来,"斯莫奇熊"已经不仅是美国森林防火的国家象征,在加拿大和墨西哥也是如此,在这两个国家它被称为"西蒙"。这个公益服务广告(PSA)活动是美国历史上持续时间最漫长的PSA活动。1947年,一家洛杉矶广告公司创造了"只有你才能防止森林火灾"这一口号。五十多年后,2001年4月23日,这一著名的口号被修订为"只有你才能预防森林大火",以应对2000年期间的森林大火。在1950年,当消防人员从新墨西哥州首府山区的森林大火中救出一只雄性的小熊时,这项运动获得了一只活生生的吉祥物。这只小熊被送至位于华盛顿特区的国家动物园后,成为"斯莫奇熊",一直作为活着的森林防火的象征,直到1976年去世。它的遗体埋葬于新墨西哥州首府的斯莫奇熊州立历史公园。

▶ 何种方式的森林火灾对环境有好处?

　　野火对维持森林和草原生态系统的完整性至关重要。森林和草地火灾通常由闪电引起,它们为植物发芽和持续健康生长创造必要的条件,因而成为生态更新的力量。消防管理的主要目标是模拟自然火灾周期中的新生阶段。消防管理也试图通过从森林中移除堆积的杂物来阻止灾难性大火的发生。纵观美国西部的每个夏天,这些极其凶猛的大火几十年来主要由防火工作引起。防火工作使得重型燃料(堆积的杂物)形成火源。讽刺的是,由于试图防止自然火的产生，人类反而加剧了火灾的发生。

▶ 环境保护署（EPA）何时成立，它的职责是什么？

1970年，美国总统理查德·M.尼克松（Richard M. Nixon, 1913—1994）签署了创立环境保护署作为美国政府一个独立机构的行政命令。由行政命令而非立法机关来创立联邦机构的行为多少有些不同寻常。环境保护署的建立是为了回应公众关注的有害空气、污染的河流和地下水、不安全的饮用水、濒危物种以及有害的废弃物处理方法等问题。环境保护署的职责包括环境调查、监测和执行环境活动方面的法规条例。同时，环境保护署也把有毒化学品站点的清理工作作为"超级基金"项目的一部分进行管理。

▶ 污染物标准指数是什么？

美国环境保护署和加利福尼亚州埃尔蒙特市南海岸空气质量管理局设计了污染物标准指数，用于监测空气中的污染物浓度，并告知公众相关的健康影响。这一标准能够测量每百万颗粒中含有的污染物颗粒量，从1978年以来一直在全美范围内使用。

表5.8　污染物标准指数及其对健康的影响

PS指数	对健康影响	警　示　状　态
0	良好	
50	中等	
100	不健康	
200	非常不健康	提示：老人和患者应待在室内，减少户外活动
300	有害	警告：一般民众应待在室内，并减少户外活动
400	极度有害	紧急情况：所有人应待在室内，关闭窗户，不要消耗体力
500	有毒	有重大伤害：处理方法同上

▶ 有毒物质排放清单是什么？

有毒物质排放清单（TRI）是关于650多种美国国内工厂可排放的有毒

化学品和有毒化学品类别的信息汇编。它是由政府授权并可公开获得的。法律要求生产厂家说明他们直接向空气、水体排放的化学物质的量,或者说明他们会转移到异地处理或处置废弃物的工厂。美国环境保护署将这些报告汇编为年度清单,并将这些信息存入计算机数据库中。2000年,23 484家工厂向环境中排放32亿千克有毒化学物质。其中超过1.18亿千克被放到地表水中,8.6亿千克被排放到空气中,超过18.7亿千克被排放到土地中,超过1.26亿千克被注入地下井。2000年美国向环境中排放的有毒化学品的总量同1999年相比,下降了6.7%。

▶ 为什么像滴滴涕、多氯联苯和氯氟烃这样危险的化学品曾被释放到环境中?

滴滴涕(DDT)、多氯联苯(PCBs)和氯氟烃(CFCs)曾被广泛使用。尽管滴滴涕早在1874年就由奥斯马·蔡德勒(Othmar Zeidler)合成,但直到1939年瑞士化学家保罗·缪勒(Paul Müller,1899—1965)才认识到它具有杀虫特性。因其对滴滴涕的开发,他于1948年获得诺贝尔生理学或医学奖。不同于当时流行使用的以砷为基础化合物,滴滴涕在杀虫方面比较有效,并且似乎对动物和植物没有伤害。在此后的20年中,它被证明可以有效地控制携带疾病的昆虫(携带疟疾和黄热病的蚊子,以及携带斑疹伤寒的虱子),并杀除了许多植物以及作物毁坏者。1962年蕾切尔·卡森(Rachel Carson,1907—1964)出版的《寂静的春天》一书给科学家敲响了警钟,提醒滴滴涕的有害影响。日益增加的滴滴涕抗性昆虫物种和不断累积的滴滴涕对动植物生命周期的有害影响,导致许多国家从20世纪70年代开始不再使用滴滴涕。事实上,滴滴涕和多氯联苯已被添加到雌激素类化合物(即为环境中合成的能够引起哺乳动物身体产生类似对雌激素反应的物质)的清单列表中。

多氯联苯(PCBs)是一组与滴滴涕有相同化学结构和物理性质的化学物质。因其物理性质(不燃性、化学稳定性、高沸点和电绝缘性能),多氯联苯有广泛的应用范围。以前,许多产品含有这些化合物。从电路到涂料中的染料和颜料到无碳复写纸,所有这些都是由多氯联苯制成的。在1977年停产之前,美国生产了约68亿千克多氯联苯。

氯氟烃(CFCs)过去常用作气溶胶喷雾剂、制冷剂、溶剂和泡沫发泡剂。它们本身是含有氯、氟和碳，无毒的且不易燃的物质。然而，它们被认为会使大气中的臭氧浓度下降。

▶ 哪些行业排放的有毒化学物质最多？

截至2001年，金属采矿业排放的有毒化学物质最多，虽然总体而言它的排放量已经低于2000年。在28亿千克的工业排放总量中，由食品生产行业释放的约占2%（5 700万千克），其量大约八倍于煤炭开采行业。而食品生产通常被认为是一个对环境无害的行业。其他情况详见下表。

表5.9　工业类型与其排放的有毒化学物质比例

工 业 类 型	在总数中的百分比
金属采矿业	45.2
电力设施	17.2
有害废弃物/溶剂的回收	3.5
煤炭开采	0.3
成品汽油大量存储	0.3
化学品的批发分销商	0.02

▶ 烟雾的成分是什么？

烟雾是美国最普遍的污染物，它能够引起一种光化学反应，生成一种无臭、无味的地面层气体——臭氧。臭氧，在有光的情况下可以启动一连串的化学反应。然而，尽管在大气平流层臭氧有可取之处（保护地球表面免受辐射），但是，当它出现在地球表面附近的对流层中时会危害人体的健康。从汽车等来源排放的碳氢化合物、烃类衍生物和氮氧化物是可以进行光化学反应的原材料。在氧气和光存在的条件下，氮氧化物结合有机化合物（如未燃尽的汽油中提取的碳氢化合物），产生一种白雾，有时会略带淡淡的黄棕色。这一过程会产生大量的新的碳氢化合物和氧化烃类。严重的烟雾事件中，这些次级烃类产物可能占到有机污染物总量的95%。

▶ 有害废弃物是如何分类的?

有四种类型的有害废弃物:腐蚀性的、易燃性的、性质活跃的和有毒的。

● 腐蚀性废弃材料可以磨损或破坏其他物质。大部分的酸是腐蚀性的,能够损毁金属、灼伤皮肤,并且释放出灼伤眼睛的蒸汽。

● 易燃性材料很容易燃起熊熊大火。这些物质有火灾隐患,还会刺激皮肤、眼睛和肺。汽油、油漆、家具抛光剂是易燃的。

● 活性物质与其他化学物质结合时有可能爆炸或产生有毒气体。例如,含氯漂白剂和氨结合会产生一种有毒气体。

● 有毒材料或物质可以毒害人类和其他生命。受害者如果吞下或通过皮肤吸收有毒材料,将患病乃至死亡。农药和家用清洗剂是有毒的。

▶ 什么是生物富集作用?

一些化合物是不能被分解者回收的,而且它们也不会像能量一样释放到大气中。相反地,它们仍然会以一成不变的形式存在于生态系统中,通过捕食,从一种生命体进入到另一种生命体中。如果一条较大的鱼类连续几年每天都捕食五条较小的鱼类,当大鱼利用它们构建和修复其自身的结构时,小鱼肉中的一些化合物将会转移到较大的鱼体内。随着时间推移,较大的鱼类体内就会积累很多单位的这种化合物。这种化合物的一个例子是杀虫剂滴滴涕。滴滴涕在小鱼体内浓度低,毒性效应不明显,但随着时间的推移,在较大鱼类体内不断积累,毒性效应将会被放大。随着这些化学物质沿着营养金字塔向上移动到最顶端捕食者时,比如食用这种鱼类的鸟类或人,这种作用将会更加明显。生态学家使用"生物富集作用"或"生物放大作用"等术语,来描述这种毒素在生态金字塔上层生物的累积、放大效应。

▶ 谁是蕾切尔·卡森?

蕾切尔·卡森是第一批向普通公众描述环境中化学污染的后果的人之一。在她1962年出版的《寂静的春天》一书中,卡森揭露,碳氢化合物特别是DDT,对那些以被杀虫剂杀掉的昆虫为食的物种的繁衍产生了危害。

▶ 何谓生态恐怖主义？

生态恐怖主义是一个术语，用于描述个人或组织为阻止"环境改变"（这个词并不很准确）而采取的行动。为了得到木制品或建房土地而砍伐森林，或将转基因植物或动物供人食用，这些可视为这种性质的"环境改变"。生态恐怖主义者是那些愿意采取暴力和潜在有害的行为来防止此类改变的人。始于20世纪80年代的工业破坏活动的一个例子是树扣，即把金属长钉插入树，以使它们不能被电锯削减。然而，树扣严重损害了伐木工人的利益。生态恐怖主义者也会把故意纵火当成一种手段。1998年，生态恐怖主义者烧毁了科罗拉多州的一个新滑雪胜地的大部分，造成1 200万美元的损失。

蕾切尔·卡森因其1962年出版的《寂静的春天》而被誉为现代环保运动发起人

▶ 什么是绿色建筑？

建造一栋典型的木结构房子大约要用数千平方米森林出产的木材，同时还会产生多达数吨的废弃物。绿色建筑是指一种设计和施工的综合方法，在最小化资源浪费的同时，着重于节能和提高能效。绿色建筑可以采用太阳能水加热系统和其他更有效的加热/冷却方法。

▶ 臭氧如何造福地球上的生命？

臭氧，与一般的由两个原子组成的氧分子不同，是一种由三个原子组成的分子。它具有高毒性，当其浓度高于百万分之一时，这种淡蓝色的气体是对人体有害的。在地球的上层大气层（平流层），臭氧是使得地球上的生命得以生存的一个主要因素。地球上约90％臭氧来自臭氧层。臭氧带能够屏蔽和过滤太阳辐射到地球的过量紫外线。科学家预计，对于人类来说，臭氧层的减少或耗竭可能会导致更多的健康问题，如皮肤癌、白内障和免疫力减弱。紫外线的增加，也可能导致作物产量的减少和对包括海洋食物链在内的水生生态系统的破坏。尽管在平流层时对地球有益，然而在近地面层，臭氧是一种有助于形成光化学烟雾和酸雨的污染物。

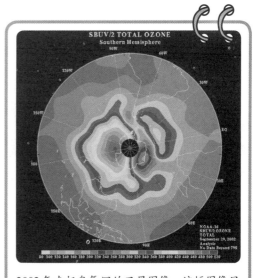

2002年南极臭氧洞的卫星图像。这幅图像显示臭氧空洞已经分裂成两个不同部分

▶ 什么是温室效应？

　　温室效应是指地球大气层捕获太阳的热量以使地球表面变暖的现象。大气层的作用就像温室的玻璃幕墙和房顶。1861年约翰·廷德尔（John Tyndall，1820—1893）首次描述了这种效应。1896年，瑞典化学家斯凡特·阿伦尼乌斯（Svante Arrhenius, 1859—1927）首次将这种效应与温室效应类比。温室效应使地球变得适宜居住。大气中如果没有水蒸气、二氧化碳和其他气体的存在，太多的热量就会逃走，而地球将会变得太冷而无法维持生命存在。二氧化碳、甲烷、一氧化二氮和其他温室气体吸收从地球升起的红外辐射，使热量保持在大气中而不是反射回太空。

　　从各种独立的历史测量数据中可以得出结论，全球近地温度的平均值在过去的100年里增加了大约0.7℃。在20世纪燃烧化石燃料产生的二氧化碳的量的积累增加，与这种温度的增加相关。关于地球的平均温度的显著增加，是否源自二氧化碳量或其他气体的排放增加或其他原因，人们还有一些争论。除了化石燃料的燃烧,火山活动、热带雨林遭到破坏和农业活动的增加可能也加剧了这一状况。

▶ 什么是人口零增长?

人口零增长(ZPG),是恰好使人口总量保持在当前水平的出生率估值。到目前为止,这一比率大约为2.1,这意味着当前的每一对父母需要在他们一生中生出多于两个孩子。额外多出生的0.1,是为了弥补婴儿死亡率。

▶ 1986年切尔诺贝利核泄漏事故后放射性沉降物的分布情况是怎样的?

1986年4月25日到26日,世界最严重的核能事故在苏联的切尔诺贝利(现在属于乌克兰)发生。当时科学家正在测试坐落在基辅以北129千米的切尔诺贝利核电站的四个反应堆中的其中之一,反应器中发生了一个不同寻常的连锁反应。随后引起了爆炸,一个巨大的火球掀翻了反应堆沉重的钢筋混凝土盖子。包含放射性同位素铯-137在内的放射性沉降物覆盖了一片广阔的地区,除苏联外,还包括东欧、中欧、北欧、西欧的许多国家。由于风向的改变,放射性沉降物的分布极不均匀,从事故发生点扩展到1 930～2 090千米。这次事故导致反应堆燃料的大约5%或者说7吨燃料(5千万～1亿居

▶ 南极臭氧洞有多大?

大众媒体在报道臭氧情况时广泛使用了"空洞"一词。然而,对这一概念更准确的描述是"低浓度的臭氧"。2000年9月美国国家航空航天局的科学家宣布,1985年在南极上空首次发现的臭氧空洞,已经覆盖了2 849万平方千米,成为有记录以来最大的臭氧空洞。2002年这个空洞有所缩小,并且已经分裂成两个不同的空洞。

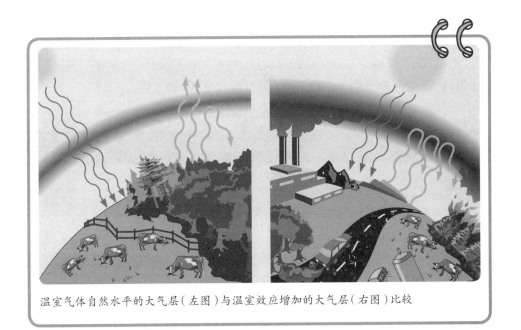

温室气体自然水平的大气层（左图）与温室效应增加的大气层（右图）比较

里）泄漏。据估计，在接下来的50年里，这种沉降物效应会让2.8～10万人死于癌症和基因缺陷，尤其高降水量地区的牲畜所受的辐射剂量足以致命。

▶ 什么是酸雨？

"酸雨"这一术语是由英国化学家罗伯特·奥古斯·史密斯（Robert Angus Smith，1817—1884）提出，他于1872年出版了《空气和雨：化学气候学的起点》。从那时起，酸雨成为使用频率快速增加的术语，用以描述被硫酸或硝酸等酸污染的雨、雪、冰雹或其他降水。当汽油、煤炭或石油燃烧时，它们产生的废气二氧化硫、二氧化氮，经过复杂的化学反应与云中的水蒸气结合形成酸。仅仅美国就向大气层中排放了4 000万吨的硫氧、氮氧化物。这些，加上自然产生的硫、氮化合物，已经引起严重的生态破坏。在北美洲，尤其是在加拿大和美国的东北部，有数以百计的湖泊酸度已经如此高以至于鱼类无法在其中生存。农作物、森林、建筑材料（如大理石、石灰石、砂石）、青铜制品等都已受到影响，但与鱼类相比，其影响程度并没有详尽的记载。但是，在欧洲许多树木发育不良或者被杀死，一个新的词语——"生态灾难（森林死亡）"被用来描述这一现象。

1990年《美国清洁空气法修正案》包含了控制引起酸雨的物质排放量的条款。修正案呼吁：减少二氧化硫的排放量，使它的年排放量由1 900万吨降低到910万吨；工业氮氧化物年排放量由600万吨减少到400万吨。

表5.10　1995—2002年美国二氧化硫与氮氧化物的排放量

年份	二氧化硫排放量（百万吨）	氮氧化物排放量（百万吨）
1995	11.87	6.09
1996	12.51	5.91
1997	12.96	6.04
1998	13.13	5.97
1999	12.45	5.49
2000	11.28	5.11
2001	—	4.7
2002	11.28	—

▶ "埃克森·瓦尔迪兹"号石油泄漏是20世纪最大的石油泄漏事故吗？

尽管1989年的"埃克森·瓦尔迪兹"号石油泄漏事故被广泛报道，石油泄漏量为25.5万桶（3.5万吨），但它不是20世纪最大的一次。最大的商业化石油泄漏事件发生在1967年3月18日，当"托雷·峡谷"号油轮在英格兰康沃尔海岸的"七颗石"海滩靠岸时，83万桶（11.9万吨）的科威特石油泄漏入海。这是第一次较大的油轮事故。然而，第二次世界大战期间，德国U型潜艇在1942年1月至6月期间袭击油轮，导致430万桶（59万吨）石油流入美国东海岸。尽管如此，这次泄漏与1991年第一次海湾战争时蓄意从海岛向波斯湾倾倒石油事件相比，还是相形见绌。据估计，这次海岛泄漏几乎相当于1 090万桶（150万吨）石油泄漏。1994年俄罗斯在北极的科米地区也发生了一次大的石油泄漏。石油泄漏的规模被报道为200万桶（28.6万吨）之多。除了这种大的灾难，还有钻井平台中产生的废弃物造成的日常污染，包括人类排泄物、原油、化学品、淤泥以及钻井岩石都被排放到水中，造成钻井污染。

表5.11　20世纪重大的石油泄漏事件

日　期	起　　因	泄漏的石油数量（千吨）
1942年	第二次世界大战期间德国U型潜舰袭击美国东海岸的油轮	590
1967年	"托雷·峡谷"号油轮在离开英吉利海峡兰兹角时搁浅	119
1970年	"奥赛罗"号油轮与另一艘船相撞	60～100
1972年	"海星"号油轮与另一艘船在阿曼湾相撞	115
1976年	"奥奇拉"号油轮在西班牙拉科鲁尼亚触礁	100
1978年	油轮"阿莫科加"离开法国西北部时搁浅	223
1979年	墨西哥湾南部Itox I 号采油井发生爆炸	600
1979年	"大西洋皇后"号油轮和"爱琴海船长"号油轮在加勒比海发生碰撞	300
1983年	波斯湾诺鲁兹油田井喷	600
1983年	离开南非开普敦后，"贝利韦尔城堡"号油轮发生大火	250
1989年	"埃克森·瓦尔迪兹"号油轮在阿拉斯加州威廉王子海峡搁浅	35
1991年	伊拉克蓄意向波斯湾倾倒石油	150
1999年	俄勒冈州库斯湾"新卡莉莎"号油轮泄漏	0.24

▶ 什么是"牧场帮手行动"和橙剂？

　　"牧场帮手行动"是越战期间美军在越南南部向空中喷洒除草剂的军事战术项目。在这些操作中，橙剂是2,4-D和2,4,5-T类除草剂的总称，用于脱叶处理。这个名字来源于存储除草剂的容器色码标志。美国军队总共向超过16 000平方千米的土地喷洒了大约7.2×10^7升的除草剂。橙剂对健康影响的发现始于20世纪70年代，而且从那时起，这一事件被科学方面和政治方面的争论搞得更为复杂。1993年，一个由16人组成的专家小组综合了现有的科学证据，发现了从统计学角度看，橙剂与软组织肉瘤、非霍奇金淋巴瘤、霍奇金为什么向空中释放气球是有害的?

乳胶和金属气球都是有害的。乳胶气球可能降落在水面上,失去颜色,像一只水母,如果被海洋动物吃掉会导致它们的死亡,因为海洋动物不能消化乳胶气球。一只金属气球可能缠绕在电线上并导致电力中断。

病、氯痤疮之间存在强有力的联系。另一方面,该委员会得出结论,接触橙剂和皮肤癌、膀胱癌、脑部肿瘤和胃癌之间几乎没有任何联系。

▶ 什么是室内空气污染,它是如何产生的?

室内空气污染,也被称为"密封建筑综合征",由现代化、高能效建筑条件引起,这样的居住条件减少了室内与外界的空气交换,还伴随着化学污染和微生物污染的状况。室内空气污染可产生各种症状,如头痛、恶心、眼鼻喉不适。此外,房屋也会受源自消费者、建筑产品和烟草烟雾的室内空气污染的影响。下表是一些房屋内的污染物及其影响。

表5.12　房屋内的污染来源与影响

污染物	来　源	影　响
石　棉	旧的或损坏的绝缘物、防火物或隔音的瓷砖	许多年以后,胸腹部癌症和肺部疾病
生物污染物	细菌、霉菌、病毒、动物皮屑、猫的唾液、螨虫、蟑螂和花粉	眼睛、鼻子和喉咙疼痛;呼吸急促;眩晕、嗜睡症、发热、消化不良、水肿、流感和其他传染性疾病
一氧化碳	无通风装置的煤油和石油加热器、烟囱和熔炉泄漏、烧柴的小炉子和壁炉、燃气灶、汽车尾气、烟草烟雾	低浓度时加剧疲劳;高浓度时损害视力和协调能力;头痛、眩晕、迷糊、呕吐;浓度非常高时致死
甲　醛	胶合板、墙上的镶板、碎料板和纤维板;泡沫保温材料;火和烟草烟雾;纺织品和胶水	眼睛、鼻子和喉咙疼痛;气喘和咳嗽;疲劳;皮疹;严重的过敏反应;可能会导致癌症

污染物	来　源	影　响
铅	汽车尾气；研磨或燃烧含铅油漆；焊接	儿童的智力和身体发育受损；降低协调性和思维能力；损伤肾脏、中枢神经系统、血液红细胞
水　银	一些乳胶涂料	水银蒸气可造成肾脏损害；长期暴露其中可导致脑损伤
二氧化氮	煤油加热器、通风不良的燃气灶和加热器；烟草	眼睛、鼻子和咽喉发炎；可能会损害肺功能，增多小儿呼吸道感染的发生
有机气体	油漆、脱漆剂、液体和木质防腐剂；气溶胶喷雾剂；清洁剂和消毒剂；防虫剂；空气清新剂；存储的燃料；干洗衣物	眼睛、鼻子和喉咙发炎；头痛；失去协调性；恶心；肝脏、肾脏、神经系统的损伤；一些有机物会引发动物癌症，也被怀疑会引发人类癌症
杀虫剂	家用杀虫产品、用在草坪或花园的产品被移动或者被携带到室内	刺激眼睛、鼻子和喉咙；对神经系统和肾脏造成损伤；癌症
氡	房子下面的泥土和岩石；井水、建筑材料	症状不会立即显现，但据估计，会导致约10%的肺癌患者死亡，而吸烟者的风险更高

▶ 什么是超级基金法案？

1980年美国国会通过的《环境应对、赔偿和责任综合法》，通常被称为超级基金法案。这项法案（以及1986年和1990年的修订案）设立了一个由联邦政府、各州政府以及化工、石油化工工业特别税（占所有资金的86%）共同资助的规模为163亿美元的超级基金。超级基金的目的是为了查明和清理废弃的危险废物堆放点及威胁人类健康和环境的地下储罐泄漏。为了避免纳税人承担大部分账单，清理行动基于"污染者付费"原则。环境保护署（EPA）负责定位危险的垃圾倾倒场、寻找潜在的法律责任人、要求责任人支付所有清理费用，如果责任人不支付就会被起诉。当环境保护署不能找到应该负责任的当事人时，他们就会从超级基金中拿出资金用以支付清理费用。

▶ 什么是邻避综合征？

邻避在英语中为NIMBY，是Not in My Back Yard（意思是"不要建在我家后院")的首字母缩写词。它指的是建设新的焚化炉、垃圾填埋场、监狱、道路等设施时会遇上的主要社会阻力。

▶ 如何存储和监管核废物？

核废物是由铀原子、铯原子、锶原子或氪原子在原子裂变过程中产生的，或铀原子吸收自由中子形成超铀元素时产生的裂变产物。跟裂变产物相比，超铀元素的放射性更低，然而，这些元素保持其放射性的时间远远长于裂变产物（半衰期长）。超铀废弃物包括以长度为4米的杆状形式存在的辐射性核燃料（用过的废核燃料），以液体或污泥形式存在的高放射性废料，以及反应堆硬件、管道、有毒树脂、燃料池的水和被放射性污染的其他物品等低级废料（非高放射性的）。

目前，美国大部分用过的核燃料被安全存储在全国各个反应堆场址的特制池中。如果达到池容量时，特许证持有人会转而使用地面以上的干燥贮存罐。三个低水平放射性废物处置地点是南卡罗来纳州的巴恩韦尔、华盛顿州的汉福德和犹他州的"关怀环境（Envirocare）"公司。每个站点接受来自国家的特定区域的低放射性废物，但仅有"关怀环境"公司使用地面上的储存罐。

最高级别核废料已存储在外围有1米混凝土的双层不锈钢罐中。1978年由法国开发的目前最好的存储方法，是先将核废料装入一个特殊的熔融玻璃的混合物中，然后将它包裹在一个钢容器中，再把它埋在一个特别的坑中。1982年的《核废料政策法案》于1987年修订，指定高放射性废料会被放置在地下深部的储存库中。美国内华达州尤卡山市被选为单个站点，开发为高放射性废物处置地。2002年7月23日，乔治·布什总统签署了《众议院87号联合决议》，允许能源部门在尤卡山建立储存库，以便安全地储存核废料。然而，一些科学家仍然对雨水和雪水多久之后会渗透山脉、腐蚀容器表示担忧。

▶ 美国人均产生多少垃圾呢？

据环境保护署的数据，2000年产生近2.32亿吨的城市垃圾。这相当于每人每天产生2.1千克或说每人每年产生大约770千克垃圾。废物总量的种类情况如下。

表5.13　美国的废品种类所占废物总量的比例

废 品 种 类	占总量的百分比	废 品 种 类	占总量的百分比
纸和纸板	38.1	纺织品	3.9
玻 璃	5.5	木制品	5.3
金 属	7.8	食品垃圾	10.9
塑 料	10.5	庭院垃圾	12.1
橡胶和皮革	2.7	其他垃圾	3.2

▶ 垃圾填埋问题在美国有多么重要？

几十年来，垃圾填埋已成为垃圾管理的重要组成部分。1962年，所有垃圾中的62%被送到垃圾填埋场，到1980年这一数字上升到81%。截至1990年，2.69亿吨城市固体垃圾中有84%被送往垃圾填埋场。随着人们逐渐认识到回收再利用的好处，垃圾填埋场的数量在1995年到2000年期间由4 482个减少到2 142个，并且送往垃圾堆填区的城市固体垃圾数量明显减少。2000年的数字表明，只有60%的城市固体废物被送往垃圾填埋区。回收利用的垃圾总量在1990年至2000年期间从8%增加到33%。

▶ 回收利用多少报纸才能挽救一棵树？

一棵10米高的大树大约只能够产生1米厚的报纸，必须回收利用这么多的报纸才能挽救一棵树。

 ▸ 金属循环利用是从什么时候开始的？

美国首次金属循环使用发生在1776年，当时纽约的爱国人士推倒英王乔治三世的雕像，并把它熔化然后并将金属回收利用。

▶ **如何制造可降解塑料?**

塑料既不会生锈也不会腐烂。这对使用来说是一种优势,但当处理塑料时,这一优点变成了不利条件。可降解塑料里面含有淀粉,因此它能被淀粉食用菌攻击并最终将塑料分解成小的碎片。化学可降解塑料可以用化学试剂去分解。光降解塑料含有暴露在光下1～3年内就能被分解的化学物质。25%的用于包装饮料的塑料由一种可光降解的塑料制成。

▶ **塑料容器上的可循环利用标记中的字母是什么意思?**

为了协助回收者,塑料工业协会发展了分拣塑料容器的非强制性编码系统。这些标志被设计印在塑料容器的底部。数值代码出现在一个三条边的三角形箭头中。下表列出了这些字母分别代表什么。最常见的再生塑料是聚对苯二甲酸乙二醇酯(PET)和高密度聚乙烯(HDPE)。

表5.14 常见的塑料材料与应用

编 码	材 料	例 子
1	聚对苯二甲酸乙二醇酯(PET/PETE)	2 L软饮料瓶
2	高密度聚乙烯(HDPE)	牛奶和水的罐子
3	乙烯(PVC)	塑料管、洗发水瓶
4	低密度聚乙烯(LDPE)	包装袋,食物存储容器
5	聚丙烯(PP)	挤压瓶、饮用吸管
6	聚苯乙烯(PS)	食物包装袋

▶ **哪些产品由再生塑料制成?**

一种名叫聚酯纺织纤维(Fortrel Ecospun)的新型衣物纤维,是由再生塑料汽水瓶制成的。这种纤维被编织或机织成服装,如羊毛外套或长内衣。加工者预计,1千克这种纤维大约能使20个塑料瓶避免被填埋的命运。

表5.15　再生塑料的常见用途

塑　　料	常　见　用　途	由再生塑料制成的产品
HDPE（高密度聚乙烯）	饮料瓶、牛奶壶、装牛奶和软性饮料的板条箱、管道和桶管、电缆、胶卷	机油瓶、清洁剂瓶
LDPE（低密度聚乙烯）	薄膜袋如垃圾袋、涂层材料等	新垃圾袋、托盘、地毯、纤维、非食品容器塑料瓶
PET（聚对苯二甲酸乙二醇酯）	软性饮料、清洁剂以及果汁瓶	瓶子和容器
PP（聚丙烯）	汽车电池盒、螺丝钉帽、一些装酸奶和黄油的桶、塑料薄膜	汽车配件、电池、地毯
PS（聚苯乙烯）	家庭用品、电子产品、快餐包装盒、塑料餐具	绝缘板、办公设备、可重复使用的餐具托盘
PVC（乙烯）	体育用品、箱包、管道、汽车零配件、洗发水瓶包装、吸塑制品以及胶卷	排水管道、栅栏、房子壁板

▶ **当提供塑料袋或纸质袋时，你应该选择哪一个盛放你的杂货？**

答案是两者都不选。这两种选择都是对环境有害的，至于哪种危害更大，目前还没有明确的答案。一方面，塑料袋在垃圾填埋场中降解缓慢，可能伤害吞食它的野生动物，并且它的生产会污染环境。另一方面，大多数超市使用的牛皮纸袋的生产需要使用树木，而且会污染空气和水。总之，白色的或透明的聚乙烯袋的制造会使用较少的能源，而且跟非再生纸制成的牛皮纸袋的生产相比，对环境造成的破坏相对较少。不用在纸和塑料袋之间做出选择，可以带着自己的可重复使用的帆布袋去商店，你也可以循环使用自己得到的任何纸质或塑料包装袋。

▶ **《京都议定书》是什么？**

《京都议定书》是1997年12月在日本京都举行的国际峰会上通过的协定。其目标是使全世界的政府在关于二氧化碳和其他温室气体的排放问题上达成一致。《京都议定书》呼吁工业化国家在2008年至2012年期间将本国排放量相较

在巴西的一个再循环利用工厂中，一名工人正在堆叠回收的罐子

1990年排放水平减少5％。《京都议定书》涵盖以下温室气体：二氧化碳、甲烷和一氧化二氮。其他化学物质如氢氟碳化物、全氟化碳、六氟化硫在随后的几年陆续被添加进来。

▶ 什么是生物入侵者？

生物入侵者通常指意外地引入一个生态系统的外来生物。这些生物入侵者

 ⠀美国哪一个州首先对饮料瓶进行强制性存款？

1971年，俄勒冈州首次为饮料瓶创建了强制性存款条例。每个饮料瓶需要存款5美分。

常是外来植物,并常常打败本地物种。生物入侵者的例子包括葛藤。20世纪30年代出于一个好的目的——控制侵蚀,美国水土保持局首次引入了葛根。现在葛藤在美国东南部不受控制地生长,拉倒电线、杀死树木。其他生物入侵者的例子还有斑马贻贝(美国五大湖区)、紫色珍珠鸡(美国北部和加拿大)和亚洲长角甲虫(纽约首次报道但现在蔓延到美国中西部地区)等。

六

实验室工具和技术

科 学 方 法

▶ 什么是科学方法?

科学方法是科学研究的基础。科学家会提出一个问题,然后针对这个问题提出一种假设作为可能的解释或答案。这个假设将通过一系列实验进行验证。实验的结果可能证明或者推翻这个假设。符合现有数据的假设将有条件地被接受。

▶ 科学方法的步骤是什么?

研究人员一般按照以下步骤工作:

1)提出一个假说。

2)设计一个实验来"证明"这个假说。

3)收集材料并建立实验方法。

4)进行实验并收集数据。

5)采用统计学方法分析数据。

6)得出结论。

7)撰写并发表结果。

▶ 什么是变量？

变量是实验中可以改变的某个参数。例如，为了测定光照对植物生长的影响，分别在充满阳光的窗户以及黑暗的壁橱里种植一株植物，为光照对植物生长的影响提供证据。

▶ 怎样区分自变量和因变量？

自变量是由研究者操作控制的。因变量是根据研究者观察、测量而改变的。之所以称为因变量，是因为它依赖于自变量，并受自变量的影响。

▶ 什么是对照组？

对照组是在测定时无须改变变量的实验组。例如，要测定温度对种子萌发的影响，可以将一组种子加热到一定的温度。实验者将比较这组种子与另一组不加热的种子（对照组）的种子萌发率和萌发所需要的时间。所有其他变量，如光照和水分，两个组将保持一致。

▶ 什么是双盲研究？

在双盲研究中，实验的受试者和试验的执行者都不知道实验的关键点。这个方法用于防止实验者的偏见或者安慰剂效应。

▶ 演绎法和归纳法有什么区别？

演绎法经常在数学和哲学中使用，它使用一般原则来调查特定的事件。归纳法则是通过仔细研究特殊事件来发现一般原则的方法。从17世纪开始，归纳法在科学界变得重要，弗朗西斯·培根（Francis Bacon, 1561—1626）、艾萨克·牛顿以及他们同时代的人开始采用特定实验来推断一般的科学原理。

▶ **体内研究和体外研究有什么不同?**

体内研究是采用活的生物体或者样本。相反,体外研究是在活生物体以外开展的,例如在培养皿或者试管中进行。

实验室化学基础知识

▶ **为什么稀释技术对生物学家很重要?**

稀释技术可以为以下方面提供简单并且精确的步骤:1)改变溶液的浓度;2)间接称量重量大大低于一般分析天平的量程最小值的溶质;3)测定培养物中的细菌的数量。

▶ **怎样进行1:10的稀释?**

1:10的稀释的意思是由一份稀释到十份。有三种不同的方法进行1:10的稀释:1)重量比(w:w)方法;2)重量体积比(w:v)方法;3)体积比

‣ **什么食物可以用来检测某种溶液是酸性的还是碱性的?**

红球甘蓝(紫甘蓝)可以用来检测某种溶液是酸性的或者碱性的。红球甘蓝含有一种叫作黄素(一种花青素)的色素。在苹果的果皮、李子、罂粟花、矢车菊、葡萄中都存在这种水溶性色素。极酸性溶液会使花青素变成红色,中性溶液则呈紫色,碱性溶液呈黄绿色。因此根据红甘蓝汁中的花青素的颜色变化可以检测溶液的pH值。

（v∶v）方法。

在重量比法中,1克溶质溶解到9克溶剂中,得到总重量为10份、其中1份是溶质的溶液。

在重量体积比法中,加入1克溶质到溶剂中,使总体积达到10毫升。在这个方法中,1份(重量)溶解到10份(体积)中。因为大多数生物学的溶液都是非常稀的,所以预先称重的溶质溶解在预定体积的溶剂中不会影响大多数研究的精确度。

体积比法多用于溶质是液体的情况。1毫升溶质(例如乙醇)加到9毫升水中,得到总体积为10份、其中1份是溶质的溶液。

▶ **怎样测定溶液的 pH?**

测定溶液pH的一个简单的方法是用pH试纸。试纸是用对溶液中H$^+$(氢离子)浓度敏感的化学指示剂制成的。pH指示剂种类见下表。

表6.1　pH指示剂的种类

指示剂	pH范围	颜色变化
甲基紫	0.2～3.0	黄色到蓝紫色
溴酚蓝	3.0～4.6	黄色到蓝色
甲基红	4.4～6.2	红色到黄色
石　蕊	4.5～8.3	红色到蓝色
溴甲酚紫	5.2～6.8	黄色到紫色
酚　红	6.8～8.0	黄色到红色
百里酚蓝	8.0～9.6	黄色到蓝色
酚　酞	8.3～10.0	无色到红色

▶ **科学家测定生物体中主要有机化合物类型的方法有哪些?**

科学家们用不同的方法检测碳水化合物、脂类、蛋白质、核酸的存在。常用的试验方法包括测定还原糖的本尼迪特法,测定淀粉的碘法,测定蛋白质的双缩脲法,测定脂类的苏丹红Ⅳ法和油斑测试法,测定核酸的二苯胺法等。

▶ 什么是还原糖的本尼迪特测定法?

检测糖水化合物的常用方法是测定还原糖,例如葡萄糖、果糖的本尼迪特法。本尼迪特试剂包括碳酸氢钠、枸橼酸钠、硫酸铜,加入溶液中并加热。本尼迪特法鉴定还原糖的原理是还原糖在高pH(碱性溶液)中能还原铜离子成为氧化亚铜。氧化亚铜的颜色是绿色到红棕色(红橙色)。绿色溶液说明含有少量的还原糖,而红棕色(红橙色)溶液说明含有丰富的还原糖。如果溶液中含有蔗糖(一种非还原糖),则溶液的颜色不会发生改变,仍然保持蓝色。

▶ 如何用碘法检测淀粉?

淀粉是卷绕的多聚葡萄糖(又称右旋糖酐-70)。当碘加入溶液时,它会与卷绕的淀粉分子发生反应形成蓝黑色。如果溶液保持黄棕色说明溶液中没有淀粉存在,而如果溶液变成蓝黑色说明存在淀粉。

▶ 双缩脲法是如何指示蛋白质的存在的?

在蛋白质中相邻氨基酸的氨基和羧基之间的键是肽键。当双缩脲试剂(1%硫酸铜溶液)加入含有肽键的溶液中时,溶液会变成紫色。紫色说明存在蛋白质。发生反应的肽键数量越多,颜色越深。

▶ 测定脂类存在的方法有哪些?

测定脂类存在的最简单方法是油斑测定法。在一张无光、干净的牛皮纸上滴一滴测试溶液。当液体蒸发后,可以看到含有油脂的斑点。苏丹红Ⅳ法也是测定脂类的方法。它基于脂类具有选择性吸收脂溶性染料能力的原理。

测　　量

▶ 什么是测量的SI体系?

早在十七、十八世纪,法国科学家对于许多不合理且不精确的测量标准的混用提出质疑。于是他们开始改革,想要建立一个全面、合理、精确、通用的测量系统,这称为国际单位制,或简称为SI。它采用的是十进制(公制)系统作为基础。由于所有单位都是10的倍数,因此计算简单。今天,除了美国等少数国家外,世界上大多数国家都使用这个系统。在美国,科学家、进出口行业、联邦机构(自1992年11月30日起)也采用SI。

SI系统有七个基本标准:米(长度单位),千克(质量单位),秒(时间单位),安培(电流单位),开尔文(温度单位),坎德拉(发光强度单位),摩尔(物质的量单位)。另外还有两个辅助单位:弧度(平面角)和球面度(立体角)。还有大量导出单位。许多导出单位使用专门的名称,有赫兹、牛顿、帕斯卡、焦耳、瓦特、库伦、伏特、法拉、欧姆、西门子、韦伯、特斯拉、亨利、流明、勒克斯、贝可勒尔、戈瑞和西韦特。体积或容积的SI单位是立方米,但很多地方仍然使用升为单位。非常大或者非常小的尺寸通过一系列前缀来表达增加或者减少十的倍数。例如,分米是米的十分之一,厘米是米的百分之一,毫米是米的千分之一。这些前缀的使用让系统能够通过有序的方式表达这些单位,避免建立新的名字和新的关系。

▶ 什么是科学记数法?

科学记数法使科学家可以很方便地表示很大或者很小的数。它将所有数都写作两个数的乘积,其中一个数是10的幂(10的上标的数字,叫作指数)。正的指数表示这个数乘以10的几次方,而负的指数表示这个数除以10的几次方。

表6.2　科学记数法

大于1的数 （10的指数等于1右边的0的个数）	小于1的正数 （10的指数等于1左边的0的个数）
$1\,000\,000\,000=1\times10^{9}$	$0.000\,000\,001=1\times10^{-9}$
$100\,000\,000=1\times10^{8}$	$0.000\,000\,01=1\times10^{-8}$
$10\,000\,000=1\times10^{7}$	$0.000\,000\,1=1\times10^{-7}$
$1\,000\,000=1\times10^{6}$	$0.000\,001=1\times10^{-6}$
$100\,000=1\times10^{5}$	$0.000\,01=1\times10^{-5}$
$10\,000=1\times10^{4}$	$0.000\,1=1\times10^{-4}$
$1\,000=1\times10^{3}$	$0.001=1\times10^{-3}$
$100=1\times10^{2}$	$0.01=1\times10^{-2}$
$10=1\times10^{1}$	$0.1=1\times10^{-1}$

▶ 谁发明了温度计？

　　亚历山大的希腊人知道空气加热了会膨胀。亚历山大的希罗（Hero，约生于公元1世纪）和拜占庭的斐罗（Philo，约生于公元前2世纪）制作了简单的"验温器"，但它们不是真正的温度计。1592年，伽利略（Galileo，1564—1642）制作了一种温度计，也可以作为一种气压计；1612年，伽利略的朋友圣托里奥（Santorio，1561—1636）改造了空气温度计（一种利用空气热胀冷缩原理设计的装置），用来测量人生病和康复时体温的变化。然而直到1713年，丹尼尔·华伦海特（Daniel Fahrenheit，1686—1736）发明了一种有固定刻度的温度计。他通过两个"固定"点计算刻度：冰的溶点温度和健康人的体温。他意识到冰的溶点是一个不变的温度，而水的结冰点是可变的。华伦海特把他的温度计插入冰水和盐的混合物中（他标记为0°）并把这个作为起始点，标记融化的冰为32°，人体血液温度为96°。1835年，人们发现正常的血液温度测定为98.6℉。有时华伦海特在温度计管中采用酒精为液体，但是他更常用特殊纯化的水银。后来，水的沸点（212℉）成为温度计的固定上限点。

▶ 最早的摄氏温标和现在用的有什么不同?

1742年瑞典天文学家安德斯·摄尔修斯(Anders Celsius, 1701—1744)把水的冰点设为100℃,水的沸点设为0℃。是卡尔·林奈把这种刻度反过来,但后来的教科书都把改进的刻度归功于摄尔修斯,仍然保留摄氏度的命名。

▶ 摄氏度如何转换成华氏度?

摄氏度转换成华氏度的公式是华氏度=(摄氏度×9/5)+32。华氏度转换为摄氏度的公式是摄氏度=(华氏度-32)×5/9

两种温标刻度的部分比较见下表。

表6.3 摄氏度与华氏度的换算

温 度	华 氏 度	摄 氏 度
绝对零度	−459.67	−273.15
相同点	−40	−40
华氏零度	0	−17.8
水的冰点	32	0
正常人血液温度	98.4	36.9
100℉	100	37.8
水的沸点(标准大气压下)	212	100

▶ 什么是开氏温标?

温度是气体、液体和固体的热量标准。在公制(摄氏度)和英制(华氏度)中都采用水的冰点和沸点作为标准参照水平。在公制系统中,冰点和沸点之间间隔被分成100等份,称为摄氏度(℃)。在英制系统中,间隔则被分成180个单位,每个单位叫作华氏度(℉)。但温度可以从绝对零度(无热量,无运动)被测定,这个原则定义了热力学温度并建立了一个向上测定的方法。这种温标以它的发明者开尔文勋爵——威廉·汤姆孙(William Thomson, 1824—1907)命名,被称为开氏温标,他在1848年制定了开氏温标。卡尔文(符号K)与摄氏度有同样的大小(水的冰点和沸点的差值都是100度),但两种温度差273.15度(绝对零度在摄氏温标中是−273.15℃)

表6.4 三种温标的换算

特 性	K	℃	°F
绝对零度	0	−273.15	−459.67
水的冰点	273.15	0	32
正常的人体温度	310.15	37	98.6
水的沸点	373.15	100	212

显 微 镜

▶ 各种类型的显微镜共同的元素是什么?

形成一个影像需要的三个元素是光源、检测的标本、使光源聚焦到标本上形成一个影像的透镜系统。

▶ 各类型显微镜的区别是什么?

显微镜在细胞生物学的发展中起到了很重要的作用,它使科学家可以观察到人类肉眼看不见的细胞结构。显微镜有光学显微镜和电子显微镜两种基本类型。两者最主要的不同之处在于光源和透镜结构不同:光学显微镜使用可见光作为光源,配有一系列玻璃透镜;电子显微镜采用加热的钨灯丝发射的电子束作为光源,镜头系统包括一系列电磁元件。

光学技术的最新进展引导着专业光学显微镜的发展,出现了荧光显微镜、相差显微镜和微分干涉相差显微镜。在荧光显微镜中,一种荧光染料被引入特定的分子中。相差显微镜和微分干涉相差显微镜利用一种与周围介质具有不同的折射率的结构,增强和放大在透射光的相位的细微变化。

◉ 解剖显微镜和复式显微镜有什么不同?

相对于复式显微镜,解剖显微镜(也叫作立体显微镜)可以在镜头和镜台之间提供一个更大的工作距离,以便于解剖和处理标本。解剖显微镜的光源是在标本上方,因为标本经常太厚使得光线不能从标本下方透过。解剖镜通常是双筒的,因此可以提供三维的影像。

◉ 放大率和分辨率有何不同?

放大率——使很小的物体看起来变大——是衡量物体被放大的倍数。分辨率是两个点可以被分离且作为两个不同点被分辨的最小距离。

◉ 各类透镜系统的分辨能力如何?

表6.5　各类透镜系统的分辨能力

透 镜 系 统	分 辨 能 力
人 眼	0.1毫米(100微米)
光学显微镜	0.4微米
油镜光学显微镜	0.2微米
紫外光学显微镜	0.1微米
扫描电子显微镜	10纳米(0.01微米)
投射电子显微镜	0.2纳米(0.000 2微米)

◉ 谁发明了复式显微镜?

复式显微镜的原理,是采用两个或更多的透镜来形成放大物体的图像。不止一个人,在大约相同的时期里,都各自独立地发明了复式显微镜。16世纪末、17世纪初,许多眼镜商非常积极地参与望远镜的制造,尤其是在荷兰,因此他们中的一些人很可能分别独立产生了制造望远镜的想法。望远镜的发明时间在1590年到1609年,归功于荷兰的三个眼镜制造商:汉斯·詹森(Hans Janssen),

札恰里亚斯·詹森（Zacharias Janssen, 1580—1638），汉斯·利伯希（Hans Lippershey, 1570—1619）。这三人都是被后人广为提及的重要贡献者。英国科学家罗伯特·胡克（Robert Hooke, 1635—1703）最早充分发挥了复式显微镜的作用，他1665年出版的著作《显微术》中包含了一些美丽的手绘的显微镜观察图像。

▶ 谁发明了电子显微镜？

光的波长从理论上和实际上限制了光学显微镜的应用。当示波器被开发出来以后，人们意识到阴极射线束（电子束）的波长比光波短很多，因此可以被用来分辨非常精细的细节。1928年恩斯特·鲁斯卡（Ernst Ruska, 1906—1988）和马科斯·诺尔（Max Knoll, 1897—1969）利用磁场使电子聚焦成阴极射线束，制造了一个放大倍数为17倍的原始仪器。到1932年，他们制造了放大倍数为400倍的电子显微镜。1937年，詹姆斯·希利尔（James Hillier, 1915—2007）进一步使放大倍数达到7 000倍。1939年，弗拉基米尔·佐利金（Vladimir Zworykin, 1889—1982）研制出的仪器可以提供比当时任何光学显微镜都清晰50倍的图像，放大倍数达到200万。电子显微镜使生物学研究发生了翻天覆地的变化：科学家第一次可以看到细胞的结构、蛋白质和病毒分子。

▶ 透射电镜和扫描电镜有什么不同？

透射电镜中使样品成像的电子是穿透材料的。扫描电镜通过极狭窄探针发射电子束在样品表面快速来回扫描。从样品表面被反射回来的电子，以及样品自身发射的电子，被放大并转换成通过电视屏幕可以被观看的图像。

▶ 什么是扫描隧道显微镜？

扫描隧道显微镜（STM）也叫作扫描探针显微镜，是20世纪80年代发展起来的在原子水平上探测样品表面结构的技术。这种技术采用电子方法，使由单个原子组成的金属尖端（一种导电材料，如铂-铱合金）穿过样品表面。当针尖

人类获得第一张DNA分子照片使用的是什么工具？

第一张DNA分子照片是通过扫描隧道显微镜获得的。通过放大100万倍，可以看到DNA的双链。

穿过样品表面时，电压就施加到样品表面。如果针尖足够靠近表面，且表面是导电的，电子就能在探针和样品之间穿透或者形成"隧道"。当探针扫描样品时，探针的针尖自动地上下移动，来维持穿过电子隧道恒定的速率。运动通过显示器显示出来。连续扫描后可以建立达到原子分辨率水平的表面图像。

▶ 什么是显微放射自显影术？

显微放射自显影术是定位细胞内放射性分子的一种技术。它应用感光乳剂来确定特定放射性化合物在细胞中的位置，这些细胞是已经为了显微镜检查切片后固定的。

▶ 最常用于生物样品的放射性同位素是什么？

在放射自显影术中应用最广的放射性同位素是氚（^3H）。氚在光学显微镜中的分辨率是1微米，在电子显微镜中分辨率接近0.1微米。因为氢元素在生物分子中最常见，所以大量^3H标记的化合物在放射自显影术领域具有潜在的应用前景。^3H–氨基酸被用来定位新合成的蛋白质，^3H胸腺嘧啶被用来监测DNA的合成，核糖核苷例如^3H–尿嘧啶或^3H–胞嘧啶被用来定位新合成的RNA分子，而^3H–葡萄糖则用于对多糖合成的研究。

▶ 显微放射自显影技术有哪些步骤？

在显微放射自显影术中，首先将所需的放射性标记化合物添加到细胞或组织中,然后进行温育。经过一段时间后放射性化合物融入新形成的细胞内分子和结构中,停止温育。然后进行生物样品的洗涤,洗去过量的放射性化合物。样品按照常规的方法处理(切片并放置于载玻片上),在标本玻片上覆盖一层很薄的感光乳胶,然后将标本玻片放置于一个密封盒中,经过合适的时间(几天到几周)后,细胞中的放射性物质能使其上面的感光乳胶感光。从密封盒中取出后,感光乳胶进行显影,然后就可以通过显微镜镜检样品。

显 微 技 术

▶ 谁被认为是第一位组织学家?

因为在显微解剖学中的开创性工作,马尔切洛·马尔比基(Marcello Malpighi, 1628—1694)被认为是第一位组织学家。他使用当时刚出现不久的显微镜来检测植物和动物的活生命体。他的观察包括血液如何流过毛细血管以及大量昆虫幼虫。

▶ 使用显微镜观察时,常用的制片技术有哪几种?

常用的标本玻片的制片技术有整体封片法、涂片法、压片法和切片法。整体封片法常用于详细观察完整的生物体或者特殊的器官结构。涂片法、压片法和切片法是使材料变得更薄或更小的技术。涂片法主要用于细菌和血液标本的制备,压片法常用于染色体研究,切片法则用于观察组织和细胞。

▶ 切片机是什么时候发明的?

虽然早在18世纪就有切片的机器,但第一台切片机是维尔黑姆·希斯(Wilhlem His, 1831—1904)在19世纪70年代发明的。它的发明使科学家能够制备超薄、大小一致的组织切片来进行显微镜观察,取代了以前通过手持刀片或者切割机获得的不均匀的切片。

▶ 切片机有哪三种主要类型?

切片机主要有摇动式切片机、轮转式切片机和滑行式切片机三个类型。每种类型的切片机都有一个非常锋利的刀片用来切割石蜡包埋的标本。摇动式切片机的刀片是固定在水平位置的。石蜡块安在靠近刀片的旋转臂末端,按照一定角度移动或者摇动着使样品通过刀刃。轮转式切片机中,是上下垂直地移动,大手轮通过旋转产生一个完整切割循环,向样品推进。滑行式切片机的刀片通常是固定的,标本则是安在一个移动臂上。

▶ 超微切片机和标准切片机有什么不同?

超微切片机是20世纪50年代后发展起来的,用于电镜检测的材料的制备,

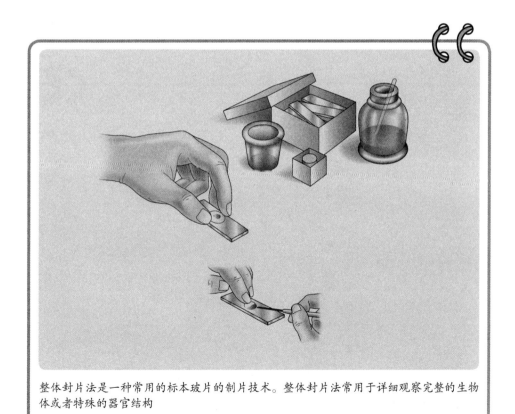

整体封片法是一种常用的标本玻片的制片技术。整体封片法常用于详细观察完整的生物体或者特殊的器官结构

它使技术人员可以切出非常薄的薄片（50～150纳米）。极小的（0.5～1.0立方毫米）生物标本被包埋在一种非常坚硬的人造树脂（例如环氧基树脂）中，以替代石蜡包埋样品块。为了切割这些非常硬的材料，要使用特殊的刀片——钻石刀或者是经过特殊加工后有极薄的锋刃的玻璃薄片，比钢刀锋利得多。

▶ 显微镜镜检材料的最佳厚度是多少？

生物和医学技术要求材料厚度为1～50微米，通常光学显微镜镜检的厚度为4～5微米。由于电镜具有更高的分辨率，所以要求生物材料的厚度要薄至20～100纳米。

▶ 镜检材料准备的步骤有哪些？

制备材料的三个基本步骤是固定（保存）、染色和封固。固定是在防止

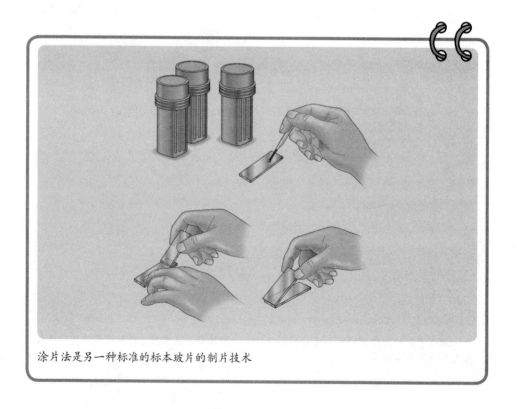

涂片法是另一种标准的标本玻片的制片技术

样品被破坏或者腐烂的同时抑制微生物繁殖。不同的染色剂和染料会附着在细胞的不同位置,例如细胞核。封固是将材料封固在防护层中,并盖上一片盖玻片。

▶ 为什么需要"固定"生物材料?

"固定"生物材料可以使材料保持相当好的状态,就像它活着的时候。它使科学家可以观察样品外部和内部结构的解剖细节。

▶ 什么是简单染色?

简单染色能够凸显出整个微生物,便于细胞形状和基本结构的观察。简单染色通常使用亚甲蓝、碳酸品红、结晶紫、番红。染色剂滴加于固定好的涂片上,一定时间后洗去,涂片干燥后镜检。

▶ 媒染剂的作用是什么?

媒染剂是添加到溶液中用来加强标本染色强度的化学试剂。媒染剂最主要的作用有两个:一是增加染色剂对生物样本的亲和力,二是覆盖在生物结构上使它们变厚,以容易在显微镜下观察。

▶ 用革兰染色剂染色的步骤有哪些?

结晶紫是一种初染剂(它可以使所有细胞都着色),将它滴加在热固定涂片上。短时间后洗去结晶紫,然后在涂片上覆盖碘液(一种媒染剂)。当洗去碘液后,细菌呈现出暗紫色或者紫色。然后用酒精或者酒精-丙酮溶液洗玻片。这种脱色剂可以脱去某些物种细胞的紫色,但同时另一些物种细胞的紫色不会脱去。洗去酒精,用番红(一种碱性的红色染料)复染。然后再洗涤涂片,涂抹干燥,在显微镜下镜检。革兰阳性菌保持紫色,而那些会脱去紫色的细菌则归为革兰阴性菌。

▶ 卡米洛·高尔基对组织学有哪些贡献?

1873年,卡米洛·高尔基(Camillo Golgi, 1843—1926)发明了一种用银盐作为无机染料来染色组织样品的方法。他将这种技术应用于神经组织染色,看到了以前从未见过的结构细节。

离 心 分 离

▶ 什么是离心分离?

离心分离是通过离心力将不相混溶的液体或者将固体和液体分离的方法。由于离心力可以非常大,它将加速这些液体的分离过程而不是只依赖重力。

▶ 离心分离如何应用于生物学中?

生物学家主要用离心分离来分离、鉴定亚细胞器和大分子的功能与特性。他们研究离心力对细胞、胚胎发育和原生动物的作用。这种技术使科学家们可以确定细胞的某些特性,包括表面张力、细胞质的相对黏性,以及当细胞器在完整细胞中重新分布时的空间和功能相互关系。

 ▸ 什么细胞器是用离心分离法发现的?

溶酶体是通过离心法发现的。溶酶体的沉积物和线粒体非常相近,但如果小心地处理沉淀,可以将它们分离。

▶ 谁第一个发展出分离细胞成分的现代技术？

罗伯特・R.本斯利（Robert R. Bensley, 1867—1956）和诺曼德・路易・霍尔（Normand Louis Hoerr, 1902—1958）1934年通过粉碎豚鼠的肝脏细胞分离出线粒体。1938年到1946年，阿尔伯特・克劳德（Albert Claude, 1899—1983）继续了本斯利和霍尔的工作，分离到了两种组分：一种较重的由线粒体组成的组分；另一种较轻的亚微观颗粒，他称之为微粒体。这种技术不断进步，如今细胞离心分离技术被广泛地使用。这一发展的过程是差速离心的最早的例子之一。它开启了现代实验细胞生物学的时代。

▶ 差速离心的标准流程是什么？

差速离心是生化学家常用的一种技术。组织，例如肝脏，在32℉（0℃）含有稳定pH的缓冲液和盐的蔗糖溶液中匀浆。匀浆液置于离心机中，在恒定的温度下采用恒定的离心力旋转。在预定的一段时间后，离心管底部形成沉淀，沉淀的上部被叫作上清液的溶液覆盖。将上清液置于另一个离心管中。第一次离心后的沉淀叫作细胞核组分，它主要的成分是细胞核——细胞内体积最大且密度最大的细胞器。上清液在更大的离心力的作用下离心更长的时间。另一类组分，通常是线粒体形成了沉淀。这个过程重复几次，每次设置更大离心力、作用更长时间，直到沉淀中只含有酶和其他与细胞器无关的底物。

色 谱 法

▶ 色谱法有哪些用途？

色谱法是用来分离和鉴别混合物中的化学物质的。它的用途有：1）分离和鉴别混合物中的化学物质；2）检验化学产品的纯度；3）鉴别产物中的杂质；4）纯化化学产品（在实验室或者工业化规模下）。

◉ 色谱法是怎样用来鉴定单个化合物的？

色谱法是用来分离混合物的另一种技术。所有的色谱法有共同的特性。不同的化合物会不同程度地吸附在一个固体表面上，或者溶解在液体薄层中。色谱法涉及溶解在流动相（可以是气体、液体或者超临界流体）中的样品（或者样品提取物）。然后流动相被强行通过不流动、非混溶的固定相。相的选择，应使样品中的组分在每个相中有不同的溶解度。溶解度最小的组分先被分离出，然后分离过程继续，溶解度较大的组分也被分离出来。

◉ 常用的色谱技术有哪些？

常用的色谱技术有纸色谱、气-液相色谱（也叫气相色谱）、薄层层析和高压（或者高效）液相色谱（HPLC）等。

◉ 色谱法的生物学应用有哪些？

色谱法在生物学中有广泛的应用。它可以用来分离和鉴定氨基酸、糖类、脂肪酸和其他天然物质。环境检测实验室用色谱法来检测痕量污染物，例如废油中的多氯联苯（PCBs）、地下水中的滴滴涕（DDT）等。它也被用来检测饮用水及空气质量。制药公司用色谱法来制备大量纯度极高的物质。食品工业用色谱法来检测污染物，如黄曲霉毒素。

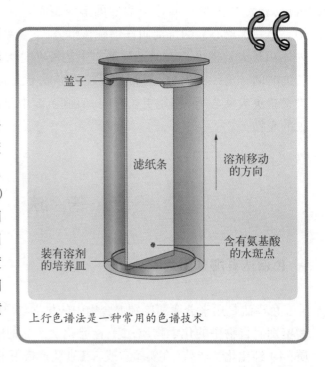

上行色谱法是一种常用的色谱技术

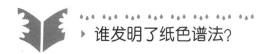

谁发明了纸色谱法?

阿彻·波特·约翰·马丁（Archer Porter John Martin, 1910—2002）和理查德·劳伦斯·米林顿·辛格（Richard Laurence Millington Synge, 1914—1994）在1940年发明了纸色谱法。他们因为这项工作获得了1952年的诺贝尔化学奖。

是谁创造出色谱法（chromatography）这个术语的?

俄国生化学家米哈伊尔·S. 茨维特（Mikhail S. Tsvet, 1872—1919）创造了"色谱法"这个术语，他在1903年发表了第一篇关于这种方法的论文。这个词是从希腊语chroma（颜色）和graphein（书写或者绘画）而来的。

纸色谱的固定相和移动相是什么?

纸色谱的固定相是滤纸，移动相是有机溶剂或者有机溶剂的混合物。将一小滴液体混合物点样于纸的一端，然后将纸尾浸入溶剂。当溶剂在纸上向上化开时，混合物中可以溶解在溶剂中的分子将随着溶剂移动。基于它们在移动相中的溶解性和固定相的吸附能力，一些分子会比另一些分子移动得更快。混合物中的每个不同的分子将按照不同的速度移动，并且在最终的色谱图上处于不同的位置。

如何解读纸色谱的结果?

在色谱图上可以非常容易地看到有颜色的物质。在一个完成的色谱图上喷茚三酮后加热，就可以鉴定出氨基酸。氨基酸被喷了茚三酮后会显现出粉红色或者紫色。还原糖分子经过邻苯二甲酸处理后会变成灰黑色。很多有机物置于碘蒸气中，会在黄色的背景中呈现棕色的斑点。测量各个点到原点的距离，可用于量化样品的运动。在标准条件下，物质在特定的溶剂系统中以特定的速率运动。科研人员可以计算物质迁移的距离与溶剂迁移的距离的比值，结果就称为Rf值。通过查询不同物质在不同溶剂中的Rf值表就可以初步鉴定某种物质。

▶ 什么是气相色谱？

气相色谱，特别是气液色谱，都有样品蒸发后被注入色谱柱顶端的环节。样品经惰性气体流动相洗脱经过色谱柱，柱子上会有一层吸附在惰性固体表面的液体固定相。

▶ 气相色谱流动相最常用的气体是什么？

气体载体的化学性质必须是惰性的。常用的气体包括氮气、氦气、氩气和二氧化碳。

▶ 气相色谱法的应用有哪些？

气相色谱法是环境分析中应用最广泛的色谱技术。有机化合物的分析可以用于多种基质，例如水、土壤、土壤气体、环境空气。它也经常用于现场检测危险品，以确定所需的个人防护装备（PPE）水平级别和应急反应测试。

▶ 柱层析与其他层析方法有何不同？

柱层析通常是作为一种纯化技术应用：它可以从混合物中分离所需的化合物。柱层析是根据分子大小和形状来分离分子的。将固定相（即一种固体吸附剂）装入垂直的玻璃柱中，将流动相（即一种液体）加在柱子顶端，液体因为重力和外部压力的作用流经柱子。将需要用柱层析分析的混合物加在柱子顶端，液体溶剂（洗脱液）受重力或者气压作用而流过柱子。吸附在吸附剂上的溶质与流经柱子的洗脱剂之间建立了平衡。混合物中不同组分在固定相和流动相中具有不同的相互作用，因它们被流动相携带的程度不同而达到了分离。当溶剂从柱子下端滴出时，就可以收集单个组分或洗脱液。

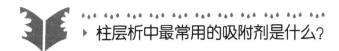

硅胶和氧化铝是柱层析中最常用的吸附剂。

▷ 薄层色谱法与其他色谱法技术有何不同?

薄层色谱法不使用柱子。固定相被薄薄地涂布在一块基板上,最常见的是玻璃板。使用黏合剂(例如硫酸钙)使吸附剂黏附在基质上。将样品置于板上,流动相由于毛细作用而通过固定相。这类似于纸色谱法。分离后,可以从玻璃上刮下斑点进行详细分析,或者对它们进行进一步的色谱法研究。

▷ 薄层色谱法的优点是什么?

薄层色谱法与纸色谱法相比,耗时短得多。用纸色谱法分离混合物可能需要24小时,用薄层色谱法则仅需不到1小时。

▷ 什么是高压液相色谱法?

高压液相色谱法(HPLC)是20世纪70年代发展起来的。它与其他色谱法技术的不同之处在于,液体是在压力下通过一个短的填充柱泵送的,而不是仅仅依靠重力。

电 泳

▷ 什么是电泳?

电泳是一种用来分离生物分子(例如核酸、糖类、氨基酸)的技术。分离的

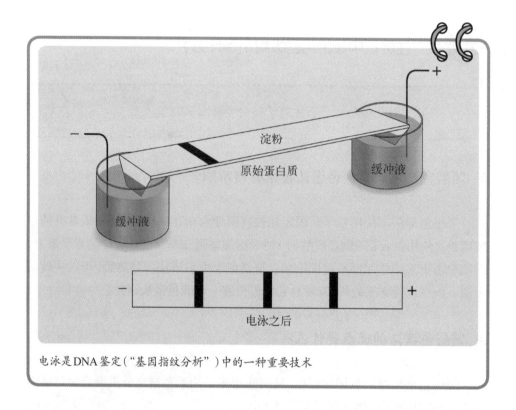

电泳是DNA鉴定("基因指纹分析")中的一种重要技术

原理是缓冲液中的不同分子在直流电作用下的运动情况不同。带正电的分子向负极移动,而带负电的分子则向正极移动。

▶ 凝胶电泳的优点是什么?

在凝胶电泳中,分子被迫穿过一段凝胶,通常是琼脂糖。凝胶有很好的分离效果。凝胶物质的摩擦力起到了分子筛的效果,根据分子的大小来分离它们。

▶ 谁率先把电泳作为一种分析技术来使用?

电泳是瑞典生化学家阿尔内·蒂塞利乌斯(Arne Tiselius, 1902—1971)在1937年发明的,他在工作中率先使用电泳方法分离血清中化学性质相似的蛋白质。

▶ 为什么电泳技术对生物学研究很重要?

凝胶电泳技术成为鉴定DNA分子的一种重要技术。不同种类动植物间的遗传差异可以通过电泳法来鉴定。即使只有一个氨基酸差异的蛋白质分子也可以被鉴定出来。这个过程对测定个体的基因指纹是有用的。

光 谱 学

▶ 什么是光谱学?

光谱学包括一系列研究元素和化合物的组成、结构和化学键的技术。不同的光谱方法使用不同波长的电磁波谱来研究原子、分子、离子以及它们之间的键。

表6.6　光谱类型及其波长

光谱类型	采用的波长
核磁共振波谱	无线电波
红外光谱	红外线
原子吸收光谱, 原子发射光谱, 紫外光谱	可见光和紫外线
X射线光谱	X射线

▶ 可以用什么技术来测定溶液中各种化学物质及其浓度?

分光光度法基于不同原子、分子或化学键吸收某种特定波长的光的原理。通过分光光度计,科学家能够测定溶液中分子吸收或者透射的光量。科学家通过测定值可以鉴定出化学物质。

▶ 分光光度计的光源是什么?

分光光度计最常用白光作为光源。白光是所有可见波长的组合。也可以使用紫外光和红外光。

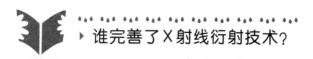

谁完善了X射线衍射技术?

1912年,威廉·劳伦斯·布拉格(William Lawrence Bragg, 1890—1971)和他的父亲威廉·亨利·布拉格(William Henry Bragg, 1862—1942)创造了一门新的X射线晶体学。由于在X射线衍射领域的开创性的研究工作,他们分享了1915年的诺贝尔物理学奖。威廉·劳伦斯·布拉格成为最年轻的诺贝尔奖获得者,在25岁时就获得了这项殊荣。

▶ 什么是电磁波谱?

电磁波谱指的是一个波长范围。它从波长非常短、高能的伽马射线(10^{-5}纳米)到长波长(10^3米)、低能的无线电波。可见光,可以看到颜色,波长在380~750纳米;紫外光具有更短的波长,而红外光有更长的波长。

▶ 什么是X射线?

X射线是短波长(10^{-3}纳米)且具有高能的电磁辐射。它们是1898年由威廉·康拉德·伦琴(William Conrad Roentgen, 1845—1923)发现的。因为X射线能够穿透不透明致密的结构(例如骨头)并成像于底片上,所以它经常被用于医学。

X射线衍射

▶ 什么是X射线晶体学?

X射线晶体学也叫作X射线衍射,它是根据解读X射线被晶体固体内原子的电子散射时形成的衍射模式,来测定晶体结构的。将 X 射线通过晶体,来揭示晶体内分子和原子的排列方式。

▶ 哪些重要的生物学发现是通过 X 射线衍射做出的？

1951 年,莱纳斯·鲍林(Linus Pauling, 1901—1994)发现了蛋白质的 α 螺旋。1953 年,莫里斯·威尔金斯、弗朗西斯·克里克、罗莎琳·富兰克林以及詹姆斯·沃森用 X 射线衍射揭示了 DNA 的双螺旋结构。1956 年,多萝西·玛丽·克劳福特·霍奇金(Dorothy Mary Crowfoot Hodgkin, 1901—1994)用这种技术确定了维生素 B_{12} 的结构。

核磁共振与超声波

▶ 什么是核磁共振？

核磁共振(NMR)是某些原子的原子核从外部磁场吸收能量后的过程。核磁共振波谱可以用来鉴定未知的化合物、检测杂质、研究分子形状。这些工作利用了不同原子吸收频率略有不同的电磁能量的原理。

▶ 什么是磁共振成像？

磁共振成像(MRI)有时也叫作核磁共振成像(NMR),是一种非入侵性、非电离的诊断技术。它在小肿瘤、血管阻塞或者椎间盘受损的检测中很有用。因为不涉及射线的使用,在不能使用 X 射线检查的情况下经常会使用磁共振成像。大量磁束能量通过身体,引发人体内氢原子发生共振。它以微小电信号形式产生能量。计算机检测到这些信号,根据身体部位不同、器官是否健康,信号会有所不同。这些变化在屏幕上形成一个图像,医学专家可据此进行解读。

MRI 和计算机 X 射线扫描仪的不同之处,是大多数 X 射线不能区分活体和尸体,而 MRI 可以详细地"看见"生和死之间巨大的差异。更具体地说,它可以比传统的放射仪器（如X射线或者CAT扫描）更灵敏地区分健康和患病组织。CAT（计算机轴向断层）扫描1973年开始出现，它其实是X射线机器的升级版。它们可以提供三维观察，但是使用有一定的局限性，因为物体图像必须保持静止。

▶ 谁提出将磁共振成像用于诊断？

用MRI检测肿瘤的概念是由雷蒙德·达马蒂安（Raymond Damadian，1936—　）在1972年的一个专利申请中提出的。所有当今MRI仪器使用的MRI成像基本概念是由保罗·劳特布尔（Paul Lauterbur，1929—2007）于1973年的一篇发表于《自然》杂志的论文中提出的。劳特布尔和彼得·曼斯菲尔德（Peter Mansfield，1933—2017）因为磁共振成像上的发现分享了2003年的诺贝尔生理学或医学奖。MRI的主要优点是它不仅可以提供软组织（例如器官）卓越的图像，还可以非入侵方式（没有以任何形式穿透身体）测定动态生理变化。MRI的缺点在于它不能适用于每一个患者。例如，带有金属材质的植入物、心脏起搏器或金属质脑动脉瘤夹的患者，不能使用MRI。因为机器的磁场可能会移动体内的这些物体，引起机体损伤。

▶ 什么是超声波？

超声波是另一种3D计算机成像技术。使用超高频声波的短脉冲（持续0.01秒），可以产生一张被成像物体的声呐图。这种技术与蝙蝠、鲸和海豚的回声定位系统类似。

微生物研究方法

▶ 无菌操作是如何防止污染的？

无菌操作的目的是使实验中的微生物与环境中数以百万计的其他微生物

分离开。这些操作主要用在如何将微生物从一根试管转移到另一根试管，或是从一根试管转移到长颈培养瓶或有盖培养皿，又或是从有盖培养皿转移到长颈培养瓶。

▶ 使用无菌操作程序转移细菌的基本步骤是什么?

首先，用棉花或者塑料盖塞住试管或者培养瓶。通过在煤气喷灯或者酒精灯火焰上灼烧接种环或者针（用于转移细菌的工具）的金属直到烧红来灭菌。拔掉试管或培养瓶上的棉花塞，快速地在火焰上灼烧一下试管口或培养瓶口。通过接种环或针蘸一下液体培养基或者轻轻接触一下培养物，提取要转移的微生物。通过将接种环轻轻浸入肉汤培养基或者在琼脂糖上划一下，将培养物转移到另一根新的试管中。再通过火焰灼烧一下试管口，重新塞上棉花塞阻止其他微生物的进入。将接种环或针灼烧一下杀死残余的微生物。转移样品到有盖培养皿的步骤也与此类似，不同之处是会在培养物上沿琼脂以某种模式划线，以分离有盖培养皿中的细菌。

▶ 最常用的两种微生物生长的培养基是什么?

牛肉膏和蛋白胨（水解的蛋白质）是液体培养液中的基本营养成分。这些物质提供各种碳源、氨基酸形式的氮化合物以及像维生素这样的辅助因子的混合物。加入琼脂（从海藻中提取的一种复杂的碳水化合物）后可以得到固体培养基。琼脂糖是理想的微生物培养基的固化剂，因为它具有熔融特性，而且对大多数细菌来说没有营养价值。固体琼脂在 $90℃ \sim 100℃$ 时融化，液体琼脂在 $42℃$ 时凝固。

▶ 什么是冻干?

冻干是一种用来保存和储存细菌以及其他微生物的冷冻干燥技术。细菌可以冷冻细胞悬浮液或者冷冻干燥培养物形式储存一段时间（$3 \sim 5$ 年）。这个技术是通过把细菌保存在含 $15\% \sim 20\%$ 甘油的营养肉汤中，在 $-70℃$ 或更低温度下冷冻来达到保存的目的。甘油可以减少冰晶的形成，冰晶会导致细胞损伤并破坏生物结构。

生态学研究方法

▶ **估算野生种群数量的方法有哪些?**

由于一般不可能计算一个种群中的所有个体,研究人员采用各种抽样技术来估算种群密度。一种方法是计算一个特定地区的个体数量。取样点的数量和范围越大,估算的精确度就越高。种群密度也可以通过间接指标,例如动物的粪便、脚印、巢穴或者洞穴来估算。

▶ **怎么通过标志重捕法估计野生种群的数量?**

研究人员在特定地区设置陷阱捕捉一些种群样本。被捕捉的动物被"标记"(或示踪)然后被释放。一段时间后,再次设置陷阱。第二次将会捕捉到有标记的和未标记的动物。根据标记和未标记动物的比例可以估计出整个种群的大小。估计种群个体数量的公式是:

$$N=\frac{标记的个体数 \times 第二次捕捉总数}{重捕标记个体}$$

上式 N 是种群个体的数量。这个方法的缺陷是,假设有标记个体和未标记个体被捕获的概率相同。事实上,被捕获过一次的个体可能对陷阱有所警惕,或者它们也可能因知道陷阱会提供食物而寻找陷阱。

▶ **环保主义者怎么预测一个物种是否濒临灭绝?**

保护生物学家采用种群生存力分析(PVA)方法来预测特定栖息地的种群生存力。这是一种数学模型方法,通过生活史数据、遗传变异性以及种群对环境条件的反应(特别是在受到干扰的情况下)来建模。

▶ 什么是最小存活种群数（MVP）？

　　最小存活种群数（MVP）是保持一个种群、亚种群或者物种生存下去所需要的最小个体数量。种群生存力分析（PVA）对最小存活种群数的预测非常有帮助。